虚拟电厂
交易机制与运营策略

加鹤萍　王宣元　刘敦楠　著

中国电力出版社
CHINA ELECTRIC POWER PRESS

内 容 提 要

虚拟电厂作为破解能源清洁转型的新一代智能控制技术和互动商业模式，是提高电力系统灵活调节能力，提升新能源消纳水平，推动现代能源体系实现互动化、智能化发展的可行途径。

本书在梳理虚拟电厂与能源新业态关系的基础上，对虚拟电厂参与电力市场的交易模式、准入机制与增值服务进行介绍，提出虚拟电厂参与电力市场的运营策略，对新型电力系统建设背景下的虚拟电厂发展进行展望。

本书可供从事能源互联网、智慧能源及相关领域的科研、技术人员和管理人员参考使用，也可供各大专院校相关专业师生学习阅读。

图书在版编目（CIP）数据

虚拟电厂交易机制与运营策略/加鹤萍，王宣元，刘敦楠著. —北京：中国电力出版社，2023.12

ISBN 978-7-5198-7624-1

Ⅰ. ①虚… Ⅱ. ①加… ②王… ③刘… Ⅲ. ①数字技术－发电厂－研究 Ⅳ. ①TM62

中国国家版本馆 CIP 数据核字（2023）第 041144 号

出版发行：中国电力出版社
地　　址：北京市东城区北京站西街 19 号（邮政编码 100005）
网　　址：http://www.cepp.sgcc.com.cn
责任编辑：石　雪（010-63412557）　高　畅
责任校对：黄　蓓　王海南
装帧设计：赵丽媛
责任印制：钱兴根

印　　刷：北京天泽润科贸有限公司
版　　次：2023 年 12 月第一版
印　　次：2023 年 12 月北京第一次印刷
开　　本：710 毫米×1000 毫米　16 开本
印　　张：13.75
字　　数：238 千字
定　　价：65.00 元

　　"碳达峰、碳中和"目标进一步推动了新能源革命和能源结构多元化进程。新能源是能源电力领域实现"碳达峰、碳中和"目标的主力军，高比例新能源发电具有随机波动性，导致电力系统平衡压力增大，仅依赖电源侧、储能等维持电力平衡成本较高，且调节潜力有限。分布式发电、电动汽车、空调等用户侧分布式资源的建设、数字技术的发展为虚拟电厂聚合分布式资源向电网提供灵活调节能力提供了契机，研究虚拟电厂参与电力市场交易机制与运营策略是促进"碳达峰、碳中和"目标实现的重要推动力。

　　本书在梳理虚拟电厂与能源新业态关系的基础上，对虚拟电厂参与电力市场的交易模式、准入机制与增值服务进行介绍，提出虚拟电厂参与电力市场的运营策略，对新型电力系统建设背景下的虚拟电厂发展进行展望。本书共分为 10 章。第 1 章分析虚拟电厂与能源新业态之间的区别与联系，第 2 章对面向虚拟电厂的分布式资源特性进行分析，第 3 章、第 4 章和第 5 章分别对虚拟电厂参与电力市场的交易模式、准入机制与增值服务进行分析，第 6 章、第 7 章分别提出虚拟电厂购售电博弈策略与动态定价方法，第 8 章对面向新能源发电曲线追踪的虚拟电厂聚合调控方法进行研究，第 9 章介绍"双碳"目标下虚拟电厂典型实践，第 10 章对新型电力系统平衡模式下的虚拟电厂进行展望。

　　在编著本书过程中，作者参阅和利用了很多国内外有关资料和文献，得到了行业知名专家的指导和帮助，华北电力大学硕士研究生华婧雯、赵宁宁、汪伟业、韩雅萱等对此书亦有贡献，在此表示衷心感谢！

限于作者水平，本书难免存在疏漏与不足之处，恳请广大读者批评指正。

作者

2023 年 8 月

目 录

第1章

虚拟电厂与能源新业态

随着"双碳"目标的提出，能源电力行业作为碳排放占比较高的行业，进一步构建清洁低碳、安全高效的能源体系对碳减排目标实现至关重要。我国《"十四五"现代能源体系规划》指出，"非化石能源发电量比重达到39%左右""推动电力系统向适应大规模高比例新能源方向演进"。世界各国均采取有力措施保障提升新能源消纳水平。德国2021年可再生能源发电量占比高达45.7%，并将实现100%可再生能源供电目标提前至2035年。美国光伏发电量在2022年1—4月（包括住宅光伏系统）增长了28.93%，风力发电增长了24.25%，光伏发电和风力发电量合计增长25.46%，占美国发电量的1/6以上（16.67%），其中风力发电占12.24%，光伏发电占4.43%。2022年丹麦约有11.5万个光伏系统处于运转状态，并计划在8年内将陆上风力和太阳能发电的产量增加4倍，将海上风力发电的产量提高到1000～4000MW。

随着大规模新能源接入电网，电力系统需要在随机波动的负荷需求与随机波动的电源之间实现能量的供需平衡，其结构形态、运行控制方式以及规划建设与管理将发生根本性变革，形成以新能源电力生产、传输、消费为主体的新一代电力系统，即新能源占比逐步提升的新型电力系统。

高比例新能源发电具有强间歇性、随机性，导致新型电力系统将长期受困于灵活调节能力的严重匮乏。能源需求侧灵活异质资源数量多、体量小、总量大，亟待挖掘用户侧灵活资源的灵活调节能力。预计到2025年，电力需求侧响应能力达到最大负荷的3%～5%。工业可调节负荷、楼宇空调负荷、大数据中心负荷、用户侧储能、新能源汽车与电网（V2G）能量互动等各类需求侧分布式能源资源（Distributed Energy Resources，DERs）可聚合为虚拟电厂（Virtual Power Plant，VPP），以参加需求响应、辅助服务市场等方式参与电网运行。虚拟电厂为输配电网提供管理和辅助服务的同时提升需求侧分布式能源资源的收益，提高电网灵活调节能力，进一步促进新能源消纳。

1.1 虚拟电厂与能源互联网

1.1.1 能源互联网

1.1.1.1 提出与发展

能源互联网的概念在 2004 年被首次提出。能源互联网是综合运用先进的电力电子技术、信息技术和智能管理技术，将大量由分布式能量采集装置、分布式能量储存装置和各种类型负载构成的新型电力网络、石油网络、天然气网络等能源节点互联起来，以实现能量双向流动的能量对等交换与共享网络。2011 年，杰里米·里夫金的《第三次工业革命》一书出版，具象化了能源互联网的定义，即构建能源生产民主化、能源分配分享互联网化的能源体系，实现以"互联网+"可再生能源为基础的能源共享网络。能源互联网的发展历程如图 1-1 所示。

自 2015 年起我国陆续出台能源互联网的相关政策文件，推动以"互联网+"智慧能源为代表的能源产业创新发展。2016 年，国家发展和改革委员会、国家能源局、工业和信息化部联合发布《关于推进"互联网+"智慧能源发展的指导意见》。2017 年，国家能源局通过开展多能互补集成优化示范工程和"互联网+"智慧能源（能源互联网）示范项目的申报和评选，最终确定了 23 项国家首批多能互补集成优化示范工程和 55 项国家首批"互联网+"智慧能源（能源互联网）示范项目，有力促进了我国能源互联网的健康、可持续发展。同年，国家发展和改革委员会发布《推进并网型微电网建设试行办法》，利用微电网助力能源互联网发展，开启能源互联网的新纪元。2018 年，为了推进国务院"互联网+"行动战略部署，贯彻落实《关于推进"互联网+"智慧能源发展的指导性意见》的要求，《国家能源互联网发展白皮书 2018》发布，回顾了能源互联网的发展背景，构建了能源互联网发展指标体系，描绘了我国能源互联网政策、产业、技术、创新、建设、公众生态等方面的发展现状，探讨了全球视角下的能源互联网发展现状，展望了能源互联网面临的挑战与未来发展方向。2019 年全球能源互联网暨中—非能源电力大会是全球能源互联网发展进入落地实施、共同行动新阶段的重要会议，

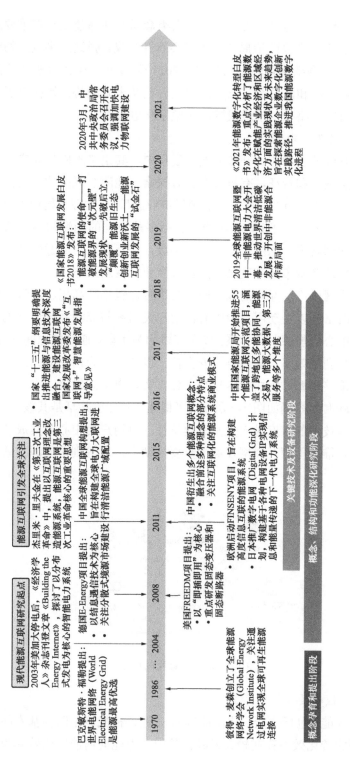

图 1-1 能源互联网的发展历程

3

对深化中非合作、助力"一带一路"和人类命运共同体建设具有重要意义。2020 年 3 月，中共中央政治局常务委员会召开会议，强调加快电力物联网建设。2021 年《能源数字化转型白皮书（2021）》发布，重点分析了能源数字化在赋能产业经济和区域经济方面的实践现状及未来趋势，旨在探索能源企业数字化创新实践路径，推进我国能源数字化进程。

1.1.1.2 定义与内涵

能源互联网处于动态、开放的发展过程中，其定义不断扩充完善。围绕能源系统发展规律和特征，有机融合各方探索，能源互联网的定义由"一种新型能源体系"拓展为"一种新的能源经济业态"，其物理架构由"能源系统的类互联网化"和"互联网+"组成，包括多能协同的能源网络、信息融合的能源系统和创新模式的能源运营三个层级，是互联网与能源生产、传输、存储、消费以及能源市场深度融合的能源产业发展新形态。

能源互联网以广泛互联的能源网络为平台，包括特高压、油气管网在内的不同能源网络；以主动用户为中心，用户灵活参与能源系统运行调节并构建以用户为中心的能源服务体系；以多能协同为手段，通过能源间互补互济，提高能源综合利用效率和能源供给安全性；以新业态为内生动力，消除市场壁垒，灵活重整资源，积极探索参与主体，实现内生式发展。

能源互联网的内涵如图 1-2 所示，可概述为：开放共享是其核心的理念，互联网思维和技术的深度融入是其关键特征，以用户为中心是其成功关键，分布式能源是推动能源互联网发展的重要推动力，对等则是能源互联网的重要原则。

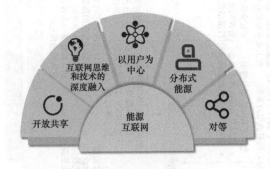

图 1-2 能源互联网的内涵

1.1.1.3 核心要素

电能、内能（包括热能、化学能等）、光能、机械能是四种基本的能量，不同能量间的转化效率存在较大差异。其中，电能向内能转化效率为 95%、电能向机械能转化效率为 90%，而光能、内能、机械能之间的相互转化效率均不足 40% 或无法转化，由此可见，电能转化为其他能量形式的效率较高。

电能是未来能源消费的主要形式，有利于智慧化的推广普及。电能可以使生产更趋灵活化、控制更趋自动化、交互更趋人性化、消费更趋经济化。因此，电是终端用能设备的最佳选择。此外，电是信息采集、传输、处理、存储的关键支撑媒介，可将多种物理化学信号转变为电信号，实现数字技术与能源体系高度融合，是智慧化的关键因素。

电网是远距离大范围能源配置的最优载体，也是大规模可再生能源利用的关键配置平台。与煤、油、气、热等相比，通过电网进行大范围能源配置，可以实现能源的快速传输，且能够经济、便捷地对潮流进行控制。同时，电网是能源互联网大规模消纳可再生能源的核心接口，可解决集中式可再生能源开发带来的大规模远距离传输问题，解决分布式可再生能源开发带来的底层潮流快速变化问题。

电网是最具互联网特征的网络，具有良好的互联网应用基础，易实现能源系统的互联融合。与油气管网相比，一方面，电网最具互联网特征，近乎瞬时的能量传输、海量主体参与、能量产消者与网络间的互动等都与互联网的特点极为相似，便于将互联网理念引入能源系统，实现能源系统与互联网的深度融合。另一方面，电网的智能化水平较高、互联网应用基础较好。电网中大量的智能化设备信息网络，以及调控中心、数据中心、交易中心等为能源与互联网融合奠定了基础。电网不仅是传统意义上的电能输送载体，还是功能强大的能源转换、高效配置和互动服务平台；能够与互联网、物联网、智能移动终端等相互融合，服务智能家居、智能社区、智能交通、智慧城市发展，在能源转型中处于中心地位，成为构建能源互联网的基础平台。

1.1.1.4　示范工程

（1）浙江丽水全域零碳能源互联网综合示范工程。浙江丽水全域零碳能源互联网综合示范工程围绕能源生产清洁化、用能配置高效化、终端消费电气化、网荷互动灵活化总体目标，以多元融合高弹性电网建设为引领，以清洁能源生产、配置、消费、互动为主线。通过实施新型电力系统电网调度优化工程、清洁能源汇集站工程、缙云水氢生物质近零碳示范工程、多时间尺度广义储能资源池工程、景宁绿电 100% 泛微网示范工程、用户侧规模化灵活性资源聚合调控工程、规模化绿电资源开发工程和数字化赋能支撑工程等十大工程，推动政府在清洁能源发展政策、鼓励抽蓄发展政策、灵活资源参与市场化交易政策、综合用能激励政策和绿色引导机制等方面予以政策支持。丽水全域零碳能源互联网综合示范工程实现清洁能源 100%就近消纳，构建百万千瓦级广义储能资源池，新增能源消费 100%零碳排放，构建百万千瓦级负荷侧需求响应资源池，在技术支撑、市场推动、政策引导、智能制造等领域实现创新突破，打造地市全域零碳能源互联网建设示范样板。

（2）广东珠海国家"互联网+"智慧能源示范项目。这是国家能源局首批 55 个"互联网+"智慧能源示范项目中首个通过验收的示范工程。在物理层面，建成世界首个±10kV、±375V、±110V 三电压等级 4 端柔性直流配电网+直流微网示范工程，攻克了多项能源互联网关键技术，使得我国的柔性直流配用电成套技术从实验室成功走向工业应用，并形成了柔直配网系统技术规范标准，对交直流混合柔性配网的统一规划与建设具有重要意义。在信息层面，在珠海全市构建了综合能源信息模型，建成了智慧能源大数据云平台，实现了内外部能源数据的集成和管理、多源异构数据的融合，并提供数据资源服务。

1.1.2 虚拟电厂

1.1.2.1 提出与发展

"虚拟电厂"一词源于 1997 年出版的专著 *The Virtual Utility: Accounting, Technology & Competitive Aspects of the Emerging Industry* 中对虚拟公共设施的定义，即虚拟公共设施是独立且以市场为驱动的实体之间的一种灵活合作，这些实体不必拥有相应的资产而能够为消费者提供其所需要的高效电能服务。类似于虚拟公共设施，虚拟电厂在不改变分布式发电等分布式能源资源并网方式的前提下，通过先进的控制、计量、通信等技术聚合分布式发电、储能系统、可控负荷、电动汽车等不同类型的分布式能源资源，实现多个分布式能源资源之间的协调优化运行，合理优化多种能源资源的配置及利用。

此后，世界范围内广泛开展虚拟电厂的相关研究和应用实施。依据资源禀赋、技术发展水平和市场发展规律，虚拟电厂的发展阶段通常可分为邀约型阶段、市场化阶段、自主调度型阶段。

邀约型阶段是由政府部门或调度机构牵头组织，通过政府部门或电力调度机构发出邀约信号，各虚拟电厂运营商参与组织内部资源以可控负荷为主进行响应，共同完成邀约、响应和激励流程。我国虚拟电厂主要处于邀约型阶段，在邀约型阶段主要通过政府机构或电力调度机构发出邀约信号，由负荷聚合商、虚拟电厂组织资源进行削峰、填谷等需求响应。当前我国以广东、上海、江苏等省市为代表的试点项目就是以邀约型为主，业务上称其为需求响应。广东省发布了具体实施方案，按照需求响应优先、有序用电保底的原则，进一步探索市场化需求响应竞价模式，以日前邀约型需求响应起步，逐步开展需求响应资源常态参与现货电能量市场交易和深度调峰，有力促进源、网、荷、储友好互动，提升电力系统的调节能力，推动能源消费高质量发展。

市场化阶段是在电能量现货市场、辅助服务市场和容量市场建成后或已建设成熟，虚拟电厂运营商以类似于实体电厂的模式，基于自身商业模式分别参与电力市场获得收益。同时存在邀约型模式，其邀约发出的主体是系统运行机构，如欧洲的 Next Kraftwerke 公司运营的虚拟电厂。

自主调度型阶段是虚拟电厂发展的高级阶段，能够实现跨空间自主调度。一方面对风电、光伏等可控性较差的发电资源安装远程控制装置，通过虚拟电厂平台聚合参与电力市场交易，获取利润分成；另一方面，对分布式储能等调节性较好的资源，通过平台聚合参与调频市场获取附加收益。

随着可聚合的资源种类越来越多、数量越来越大、空间越来越广，实际上可称其为"虚拟综合电力系统"，既包含分散各地的分布式能源、储能系统和可控负荷等基础资源，也囊括由这些基础资源进一步组合而成的微网、主动配电网、多能互补多能源系统、局域能源互联网等。通过灵活制定运行策略，或参与跨区域的电力市场交易获得利润分成，或参与需求响应、调峰、调频等电力辅助服务获取补偿收益，并可使内部的能效管理更具操作性，实现发用电方案的持续优化。

1.1.2.2　定义与内涵

虚拟电厂是一种通过先进的控制、通信等技术手段，实现分布式电源、储能系统、柔性负荷、电动汽车等资源的聚合、优化、协调，以作为一个特殊电厂参与电力市场和电网运行的系统。虚拟电厂架构如图 1-3 所示。

虚拟电厂不是实体存在的电厂形式，它打破了传统电力系统中物理发电厂之间，以及发电厂和用电侧之间的界限，减小分布式资源对电力系统运行的不利影响。虚拟电厂可以聚合分布式电源、储能设备和可控负荷，通过实时监测可控负荷，自动调节并优化响应质量，实现冷、热、电整体能源供应效益最大化。对于含分布式电源的虚拟电厂,其可以通过分布式电源为虚拟电厂内部其他用电负荷供电,若电能盈余,则将多余的电能输送给电网;若虚拟电厂自身供电不足,则由电网向虚拟电厂内部资源提供电能。对于含储能设备的虚拟电厂,储能装置可以补偿新能源发电出力波动性和不可控性,适应电力需求的变化,改善新能源波动所导致的电网薄弱性,增强系统接纳可再生能源发电的能力,提高能源利用效率。

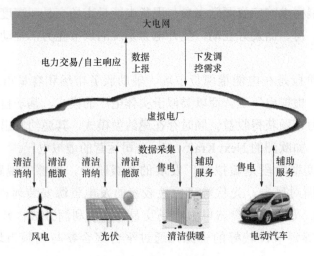

图 1-3　虚拟电厂架构

　　值得注意的是,信息通信系统在虚拟电厂中发挥重要作用,虚拟电厂通过信息通信系统进行能量管理、数据采集与监控,以及与电力系统调度中心通信等重要环节。通过与电网或与其他虚拟电厂进行信息交互,虚拟电厂的管理更加可视化,便于电网对虚拟电厂进行监控管理。

　　根据虚拟电厂信息流传输控制结构的不同,虚拟电厂的控制方式可以分为集中控制方式、分散控制方式、完全分散控制方式。集中控制方式下的虚拟电厂可以完全掌握其所辖范围内分布式资源的所有信息,并对所有发电或用电资源进行完全控制。分散控制方式下的虚拟电厂被分为多个层次。处于下层的虚拟电厂控制协调中心控制辖区内的发电或用电资源,再由该级虚拟电厂的控制协调中心将信息反馈给更高一级虚拟电厂的控制协调中心,从而构成一个整体层次架构。在完全分散控制方式下,虚拟电厂控制协调中心由数据交换与处理中心代替,只提供市场价格、天气预报等信息。而虚拟电厂也被划分为相互独立的自治的智能子单元,这些子单元不受数据交互与处理中心控制,只接受来自数据交互与处理中心的信息,根据接收到的信息对自身运行状态进行优化。

1.1.2.3 核心要素

（1）采用高效聚合方法实现虚拟电厂内部分布式能源资源的互补合作。由于分散在电网中的分布式能源资源容量有限，其发用电的随机性、波动性、间歇性也较大，需要针对不同区域的虚拟电厂以及虚拟电厂内部不同资源的高效聚合方法。根据不同的优化目标，利用优化算法实现虚拟电厂的多目标优化调度及虚拟电厂内部资源的优化配置。

（2）建立支撑虚拟电厂可靠共享的双向通信技术。在虚拟电厂内部，分布式能源资源均直接或间接与控制中心相连接。控制中心不仅要能够接收每一分布式能源资源的当前状态信息，而且能够向控制目标发送控制信号；而虚拟电厂中的分布式能源资源不仅要能够发送自身当前的状态信息，而且能够接收控制中心发送的控制信号。因此，需要开放、可靠的融合能源流和信息流的双向通信技术，加强电能传输与信息处理的融合。

1.1.2.4 示范工程

（1）德国 Next Kraftwerke 公司虚拟电厂。Next Kraftwerke 是德国一家大型的虚拟电厂运营商，同时也是欧洲电力交易市场认证的能源交易商，参与能源的现货市场交易。除了虚拟电厂相关的业务，如技术、电力交易、电力销售、用户结算等，也可以为其他能源运营商提供虚拟电厂的运营服务。截至 2022 年第二季度，Next Kraftwerke 公司管理了万余个用户资产，包括生物质发电装置、热电联产、水电站、灵活可控负荷、风能和太阳能光伏电站等，容量超 1000 万 kW。从灵活性调节能力看，其聚合的灵活性资源达到 255.5 万 kW，相当于 4 座 60 万 kW 大型煤电机组。

（2）上海黄浦区虚拟电厂项目。2021 年，上海黄浦区开展了国内首次基于虚拟电厂技术的电力需求响应行动，在用电高峰时段，对虚拟电厂区域内相关建筑中央空调的温度、风量、转速等多个特征参数，在不影响用户舒适度的基础上进行自动调节。虚拟电厂通过竞价实施需求响应，补贴价格与响应时间有关，在 30min 之内进行削峰响应，补贴是基准价格的 3 倍；30min 到 2h 是基准价格的 2 倍。补贴来源主要为各省跨省区可再生能源电力现货交易购电差价的盈余部分。参与该次需求响应的楼宇超过 50 栋，释放负荷约 10MW，累计调节电网负荷 562MWh，消纳清洁能源电量 1236MWh，减少碳排放量约 336t。

（3）深圳虚拟电厂项目。2021 年，国内首个"网地一体虚拟电厂运营管理平台"在深圳试运行，该平台部署于南方电网调度云，网省两级均可直接调度，为传统"源随荷动"调度模式转变为"源荷互动"新模式提供了解决方案。通过该平台向十余家用户发起电网调峰需求，深圳能源售电企业代理的深圳地铁集团站点、深圳水务集团笔架山水厂参与响应，在保证正常安全生产的前提下，按照计划精准调节用电负荷共计 3MW，相当于 2000 户家庭的空调用电负荷量。

1.1.3　虚拟电厂与能源互联网的关系

能源互联网建设之前，各用能终端数据颗粒度大、信息通道受限等因素在一定程度上制约了虚拟电厂的开发与应用。在新型电力系统建设背景下，以无线通信、全息感知、边缘计算及云数据平台为支撑，供用能终端数据得以实时有效地服务于业务体系，形成数据驱动下的业务创新模式，虚拟电厂便是这一背景下可行的模式之一。从长期规划来看，虚拟电厂是推进电力物联网建设的基础，也将成为新型电力物联网与能源互联网的基本单元和终极形态。

基于先进的通信和互联网技术，以电能和电力系统为基础的能源互联网，将电能供给侧、消费侧能源市场交易以及能源传输配送网络通过智能监测与控制手段有效地结合在一起，实现电能与其他能源的灵活转化与互补。同时，通过创新商业模式促进产业链的经济效益最大化发展。

虚拟电厂则是通过聚合不同类型分布式能源资源并对其实行统一调度和智能控制来类比传统发电厂的功能，同时，也是参与电网运行和电力市场的功能单位。虚拟电厂不仅具备协调新能源上网的功能，还可提高能源利用效率。

虚拟电厂利用先进的计量技术采集分布式能源资源与电厂运行状态参数，利用数据管理系统实现储能、电动汽车等投资组合的优化和需求侧管理与响应。虚拟电厂可与能源互联网的参与者进行互动，如参与电力市场交易、电网运营等。从功能上来说，能源互联网可对分布式能源资源进行整合、优化，实现协调控制，当虚拟电厂作为电网的交易代理者、电厂运营商时，也可参与电力市场的运营，整合优化能源资源，通过协调发电端与用电端，实现效益的最大化。因此，虚拟电厂是能源互联的重要组成部分，是建设能源互联网的重要切入点。

在能源互联网中，虚拟电厂需要分析处理智能计量系统采集到的大量能源数据，如交易数据管理、电网数据管理等，如图 1-4 所示。虚拟电厂利用双向通信技术，实现与发电侧、电力需求侧的连接，使得虚拟电厂运营商可通过整合、优化、调度、决策来自各层面的数据信息，参与电力市场交易，提高虚拟电厂的统一协调控制能力，实现社会效益和经济效益的优化。

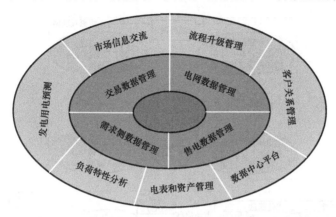

图 1-4　虚拟电厂数据平台架构

能源互联借助通信技术与智能管理技术，将电力网、燃料网等能源节点通过信息网互联起来，以实现能量的双向流动和对等交换，虚拟电厂与能源互联网的关系如图 1-5 所示。基于强大的通信系统，根据反馈的热力网状态信息，虚拟电厂不但可以制订合理的产热计划，优化资源配置，实现热力网和燃料网的协调优化运行，而且可以开展热电耦联合优化运行；对于交通网，通过反馈的电动车行驶停泊信息流，虚拟电厂可为交通网制订充电站运行计划。因此，在能源互联网框架下，虚拟电厂可以使燃料网、交通网、电力网、热力网实现互通互联，达到能源利用效益最大化。此外，在信息网与电力网组成的系统中，不同主体之间的交易关系如图 1-5 所示，该交易以虚拟电厂为核心，通过对各分布式能源资源运行状态参数进行计量，利用虚拟电厂的能量数据管理系统，实现对发、售电侧的协调控制；对用户负荷的控制可通过虚拟电厂的电价控制策略，也可通过电力市场，借助第三方能源服务商和投资商实现。

随着"双碳"目标的提出，加大力度推进分布式发电、电力需求侧管理、新型电力系统建设是重中之重，因此，虚拟电厂在我国将有广阔发展空间，具体表现如下：

（1）虚拟电厂是实现能源互联网的最佳入口，也是我国能源互联网建设面向未来的窗口。虚拟电厂的社会效益和经济效益符合能源互联网中利用可再生能源、改革能源生产方式、构建未来可持续能源供应体系、推动能源消费革命、实现开放服务的整体目标和基本要求。此外，虚拟电厂依赖的通信技术、协调控制技术和智能计量技术等，也是构建能源互联网的技术基础。

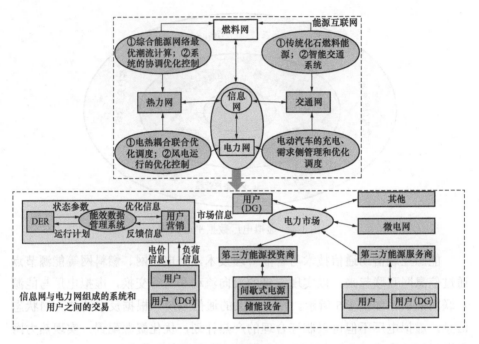

图 1-5　虚拟电厂与能源互联网的关系

（2）虚拟电厂可实现可再生能源的安全高效利用。虚拟电厂利用先进的通信技术、智能计量技术，实时监测用电侧消耗的功率，结合天气情况，预测并控制发电侧的输出功率，并通过能源数据管理系统等实现多个分布式能源资源的协调优化运行，实现资源的安全高效利用。此外，我国新能源资源蕴藏量巨大，虚拟电厂可为消纳新能源提供行之有效的技术手段，实现能源的清洁利用。

（3）虚拟电厂的建设在提高传统能源利用效率的同时，能够降低电网运行成本。虚拟电厂的建设让电力信息更加透明化，开放能源生产消费的每一个环节，"以用户为中心"的模式提高了能源消费者的选择权，让消费者能够有权自主选择所消费的电力来源；同时，消费者可利用自家新能源生产的电力，且在满足自家电力充足时实现并网外销。因此，虚拟电厂在提高能源电力系统效率的同时，也在一定程度上降低了用电成本。

（4）虚拟电厂的建设有助于完善我国的电力市场体制，加快能源市场改革，打破电力垄断现状。虚拟电厂在整合优化分布式能源的同时，参与电力市场运营，有助于实现建立多元化能源供应体系、抑制不合理消费、实现能源的优化配置、高效利用等目标。虚拟电厂利用调控技术、通信技术实现对各类分布式能源资源的整合调控，在保证能量管理系统安全稳定的前提下，实现市场优化运营。

综上可知，虚拟电厂兼具发电、交易、售电、用电和电网的功能，是连接智能电网与电力市场的重要纽带，是安全高效地利用分布式能源的重要工具，是能源互联网的一个重要功能模块，是实现能源互联的前提和基础。

1.2　虚拟电厂与微电网

微电网又称微网，是指由分布式电源、储能装置、能量转换装置、负荷、监控和保护装置等组成的小型发配电系统。微电网的提出旨在实现分布式电源的灵活、高效应用，解决数量庞大、形式多样的分布式电源并网问题。开发和延伸微电网能够充分促进分布式电源与可再生能源的大规模接入，实现对多种能源形式负荷的高可靠供给，是实现主动配电网的有效方式。根据微电网的特性，可将其分为直流微电网、交流微电网、交直流混合微电网、中压配电支线微电网、低压微电网等。

微电网是规模较小的分散、独立系统，是实现自我控制、保护和管理的自治系统，依靠自身的控制及管理功能实现功率平衡控制、系统运行优化、故障检测与保护、电能质量治理等方面的功能，可以与外部电网并网运行。在新能源微电网建设中，我国鼓励按照能源互联网的理念，采用先进的互联网及信息技术，实现能源生产和使用的智能化匹配及协同运行，以新业态方式参与电力市场，形成高效清洁的能源利用新载体。

虚拟电厂和微电网是将分布式能源接入电网的形式，具有聚合分布式能源的功能。但二者在设计理念、构成条件、运行模式、运行特性、并网方式、聚合资源等方面仍有诸多区别，见表 1-1。

表 1-1　　　　　　　　　　虚拟电厂与微电网的区别

区别	虚拟电厂	微电网
设计理念	强调"参与"，即吸引并聚合各种分布式能源资源参与电网调度和电力市场交易，优化分布式能源资源组合。以满足电力系统或市场要求为主要控制目标，强调对外呈现的功能和效果	采用自下而上的设计理念，强调"自治"，即以分布式能源与用户就地应用为主要控制目标，实现网络正常时的并网运行以及网络发生扰动或故障时的孤岛运行

续表

区别	虚拟电厂	微电网
构成条件	依赖于软件和技术：其辖域（聚合）范围以及与市场的交互取决于通信的覆盖范围及可靠性；辖域内各分布式能源资源的参数采集与状态监控取决于智能计量系统的应用；分布式能源资源的优化组合由中央控制或信息代理单元进行协调、处理及决策。因此，引入虚拟电厂的概念不必对原有电网进行拓展，而能够聚合微网所辖范围之外的分布式能源	依赖于元件（分布式能源、储能、负荷、电力线路等）的整合，由于电网拓展的成本昂贵，因此微电网主要整合地理位置上近的分布式能源，无法包含相对偏远和孤立的分布式发电设施
运行模式	虚拟电厂始终与公网相联，即只运行于并网模式	微电网相对于外部大电网表现为单一的受控单元，通过公共耦合开关，微电网既可运行于并网模式，又可运行于孤岛模式
运行特性	虚拟电厂作为聚合能量资源构成的特殊电厂，其与系统相互作用的要求比微电网更为严格，可用常规电厂的统计数据和运行特性来衡量虚拟电厂的效用，如有功或无功负载能力、出力计划、爬坡速度、备用容量、响应特性和运行成本特性等	微电网的运行特性包含两个方面的含义，即孤岛运行时配电网自身的运行特性以及并网运行时与外部系统的相互作用
并网方式	多个公共连接点，自身不一定具备独立的电网架构	某一公共连接点
聚合资源	以分布式发电、储能、具有调节能力的柔性负荷为主	以保障园区自发自用为目的聚合分布式能源资源

综上所述，虚拟电厂和微电网的本质区别在于其是否是区域性的。微电网由于具有区域性，决定了其有物理架构，可独立于电网进行孤岛运行，微电网所接入的分布式能源主要用于平衡自身网内的负荷；构成虚拟电厂的多个分布式发电单元不一定在同一个地理区域内，其聚合范围以及与市场的交互取决于通信能力和可靠性。虚拟电厂具有跨区域性，决定了其与电网并网运行的特点，可以为电网提供多种多样的容量、有功、无功等服务，通过聚合与通信等技术，既为电网实现新能源消纳，又为电网安全可靠运行提供助力。多个分布式能源资源按照一定的规则或目标进行聚合，以一个整体参与电力市场，并将收益分配给每个分布式能源资源。虚拟电厂作为聚合商，根据动态组合算法或动态博弈理论等对多个分布式能源资源灵活地进行动态组合，动态组合的实时性和灵活性可以避免实时不平衡所带来的成本问题以及由于电厂停机、负荷和可再生能源出力预测误差所导致的组合

偏差问题。

1.3　虚拟电厂与分布式综合能源系统

分布式综合能源系统是相对传统集中式供能的能源系统而言的，传统的集中式供能系统采用大容量设备集中生产，通过专门的输送设施（大电网、大热网等）将各种能量输送给较大范围内的众多用户；而分布式综合能源系统则是直接面向用户，按用户的需求就地生产并供应能量，具有多种功能，可满足多重目标的中、小型能量转换利用系统。

分布式综合能源系统作为集中式供能系统的有力补充和新一代供能模式，主要有以下三个主要特征：

（1）作为服务于当地的能量供应中心，分布式综合能源系统直接面向当地用户的需求，布置在用户的附近，可以简化系统提供用户能量的输送环节，进而减少能量输送过程的能量损失与输送成本，同时增加用户能量供应的安全性。

（2）分布式综合能源系统不采用大规模、远距离输出能量的模式，而主要针对局部用户的能量需求，系统的规模将受用户需求的制约，相对传统的集中式供能系统而言均为中、小容量。

（3）随着经济、技术的发展，特别是可再生能源的积极推广应用，用户的能量需求开始多元化，同时，伴随不同能源技术的发展和成熟，可供选择的能源技术日益增多。分布式综合能源系统作为一种开放性的能源系统，呈现出多功能的趋势，既包含多种能源输入，又可同时满足用户的多种能量需求。

虚拟电厂是实现主动配电网的重要技术之一，其通过分布式能源管理系统将配电网中分散安装的清洁能源、可控负荷和储能系统合并作为一个特别的电厂参与电网运行，从而很好地协调智能电网与分布式能源之间的矛盾，充分挖掘分布式能源为电网和用户所带来的价值和效益。虚拟电厂与分布式综合能源系统在地域、功能、聚合资源类型、运行方式、并网方式等方面的区别见表 1-2。

表 1-2　　　　　　虚拟电厂与分布式综合能源系统的区别

属性	虚拟电厂	分布式综合能源系统
地域	不受地理位置限制	同一区域就近组合

15

虚拟电厂交易机制与运营策略

续表

属性	虚拟电厂	分布式综合能源系统
功能	作为正电厂或负电厂，供电或用电。参与电力交易，提供需求响应与电力辅助服务	多能互补，降低供电成本
聚合资源类型	以分布式新能源、具有调节能力的储能和柔性负荷为主	以电、热、冷、气等多种能源资源为主
运行方式	并网运行	并网或离网运行
并网方式	多个公共连接点	某一公共连接点

　　虚拟电厂作为灵活整合各类分布式能源的方案，使得分布式能源大范围投入电网运行成为可能，也可以为传输系统的管理提供服务。分布式综合能源同样聚合多种资源，但和微电网一样，受地理位置的限制，在发展前景与实际应用角度，虚拟电厂更有优势。

第2章

面向虚拟电厂的
分布式资源特性分析

随着世界能源紧缺、环境污染等问题日益突出，分布式电源以其可靠、经济、灵活、环保的特点被越来越多的国家所采用。虚拟电厂作为连通电网、分布式电源和用户侧资源的枢纽平台，聚合用户侧资源为电网运行提供服务，同时也为全行业更多市场主体提供商业价值。参与虚拟电厂运行的分布式能源资源种类繁多、性能各异，是促进虚拟电厂迅速发展的关键要素。本章着重介绍面向虚拟电厂的分布式能源的种类特性及其品质评估。

2.1　分布式资源特性分析

虚拟电厂由多种分布式资源构成，各种分布式资源的物理特性与经济特性不同。对于不同的分布式资源，根据不同的动态特性研究其在虚拟电厂中的运行模式至关重要。以下列出几种常见的面向虚拟电厂的分布式资源，并进行相应的特性分析。

2.1.1　风电出力模型

风电机组发电功率大小与风速有关。风电的出力概率密度一般为双参数Weibull分布，该分布形式简单且能与实际风速分布较好地拟合，适用于风速统计描述的概率密度函数，其概率密度函数表达式如式（2-1）所示：

$$f(v) = \frac{k}{c}\left(\frac{v}{c}\right)^{k-1} \cdot \exp\left[-\left(\frac{v}{c}\right)^{k}\right] \tag{2-1}$$

式中：v 为风速；k 和 c 为 Weibull 分布的两个重要参数，k 为形状参数，$k>0$，c 为尺度参数，$c>1$。

风电输出功率 P_T 与风速 v 之间关系可用分段函数近似表示，如式（2-2）所示：

$$P_{WT}(v) = \begin{cases} 0 & v < v_{in} \\ a_{WT}v^2 + b_{WT}v + c_{WT} & v_{in} \leqslant v < v_n \\ P_T & v_n \leqslant v < v_{out} \\ 0 & v > v_{out} \end{cases} \tag{2-2}$$

式中：v_{in}、v_n、v_{out} 分别为切入风速、额定风速、切出风速；P_T 为风机额定功率；a_{WT}、b_{WT}、c_{WT} 3 个参数可以根据风速—功率特性曲线拟合得到。

风电机组投入运行后成本很低，若风电机组 i 的发电功率为 $P_{WT}(i)$，用风电的发电成本参数 C_{WT_1}、运行维护成本 C_{WT_2} 来描述风电机组 i 的成本 $C_{WT}(i)$，如式（2-3）和式（2-4）所示：

$$C_{WT}(i) = C_{WT\_1}P_{WT}(i) + C_{WT\_2} \tag{2-3}$$

$$P_{WT\_i min} \leqslant P_{WT}(t) \leqslant P_{WT\_i max} \tag{2-4}$$

式中：$P_{WT\_i min}$ 和 $P_{WT\_i max}$ 分别为风电机组 i 的发电出力下限和上限。

2.1.2　光伏出力模型

光伏发电功率大小与光照强度、环境温度等密切相关。目前普遍认为太阳光照强度近似服从 Beta 分布，其概率密度函数如式（2-5）所示：

$$f\left(\frac{G}{G_{max}}\right) = \frac{\Gamma(\alpha+\beta)}{\Gamma(\alpha)\Gamma(\beta)}\left(\frac{G}{G_{max}}\right)^{\alpha-1}\left(1 - \frac{G}{G_{max}}\right)^{\beta-1} \tag{2-5}$$

式中：Γ 为 Gamma 函数；G 为该时间段内的实际光照强度；G_{max} 为该时间段内最大光照强度；α 和 β 分别为 Beta 分布的形状参数，该形状参数与这一时段的光照强度平均值 μ 和标准差 σ 有关。

光伏电池的输出功率可由其标准测试条件下的输出功率、光照强度、环境温度等与实际工作条件下的光照强度通过式（2-6）对比估算得到。

$$P_{PV}(G,T) = P_{STC}\frac{G}{G_{STC}}[1 + k(T - T_{STC})] \tag{2-6}$$

式中：P_{STC}、G_{STC} 和 T_{STC} 分别为标准测试条件下的发电输出功率、光照强度和环境温度，G_{STC} 一般可取值 1000W/m^2，T_{STC} 一般可取 25℃；G 为实际的光照强度；k 为功率温度系数；T 为太阳能电池组的表面温度。

由光伏光照概率分布函数和光伏发电输出功率函数联立可得光伏发电系统的输出功率的概率密度分布，如式（2-7）所示：

$$P_{PV} = \int_0^{G_{max}} P_{PV}(G,T) f\left(\frac{G}{G_{max}}\right) d\frac{G}{G_{max}} \tag{2-7}$$

光伏发电的运行成本与风电类似，运行成本较低。光伏发电机组 i 的发电成本为 C_{PV_1}，维护费用为 C_{PV_2}，则光伏发电机组 i 的发电成本 $C_{PV}(i)$ 可由式（2-8）和式（2-9）表示：

$$C_{PV}(i) = C_{PV\_1} P_{PV}(i) + C_{PV\_2} \tag{2-8}$$

$$P_{PV\_i min} \leqslant P_{PV}(t) \leqslant P_{PV\_i max} \tag{2-9}$$

式中：$P_{PV\_i min}$ 和 $P_{PV\_i max}$ 分别为光伏发电机组 i 的发电出力下限和上限。

2.1.3　微燃机出力模型

微燃机由燃气轮机、吸收式制冷机和余热锅炉等设备组成，可同时供应冷热电三种能源，一般燃气轮机的发电效率仅为 30% 左右，尾气温度的范围为 200～300℃，但是发电后的余热烟气进行能源梯度利用，冷热电联产能源利用效率可达 70% 以上。在实际生产中一般采用热电联供或者冷热电联供的形式，燃烧后的高温烟气不足热量由余热锅炉进行补燃，该应用形式具有总能量利用效率高、总排放低、低噪声的优点。微燃机出力模型如式（2-10）～式（2-15）所示：

总余热—发电功率的计算公式为：

$$H_{MT\_HL}(t) = P_{MT}(t)[1 - \eta_e(t) - \eta_{loss}] / \eta_e(t) \tag{2-10}$$

热功率的计算公式为：

$$H_{MT}(t) = H_{MT\_HL}(t) \eta_{hex} \tag{2-11}$$

冷功率的计算公式为：

$$L_{MT}(t) = [H_{MT\_HL}(t) - H_{MT}(t)] \eta_{cop} \tag{2-12}$$

天然气消耗量的计算公式为：

$$V_{MT} = \sum \{ P_{MT}(t) \Delta t / [\eta_e(t) Q_{LHV}] \} \tag{2-13}$$

发电功率上下限的计算公式为：

$$P_{MT\_min} \leqslant P_{MT}(t) \leqslant P_{MT\_max} \tag{2-14}$$

爬坡上下限的计算公式为：

$$P_{\Delta MT\_min} \leqslant \Delta P_{MT} \leqslant P_{\Delta MT\_max} \tag{2-15}$$

式中：$P_{MT}(t)$ 为燃气轮机在 t 时刻的发电功率；$H_{MT\_HL}(t)$ 表示 t 时刻燃气轮机

发电后的余热功率；$\eta_e(t)$ 为燃气轮机的发电效率；η_{loss} 为燃气轮机散热损失系数；燃气轮机发电后的余热经过回热器后可制热，$H_{MT}(t)$ 为在 t 时刻的制热功率；η_{hex} 为制热系数；$L_{MT}(t)$ 为经过吸收式制冷器后的制冷功率；η_{cop} 为制冷系数；V_{MT} 表示燃气轮机消耗的天然气量；Δt 为燃机运行时间；Q_{LHV} 表示天然气低热热值；P_{MT_min} 和 P_{MT_max} 分别表示微燃机的发电最小功率和最大功率；ΔP_{MT} 表示燃机的发电功率单位时间的变化量；$P_{\Delta MT\_min}$ 和 $P_{\Delta MT\_max}$ 分别表示燃机的发电爬坡下限和上限。微型燃机的运行成本主要指燃料成本和碳排放成本、启停成本。

燃料成本 C_{MT_fu} 的计算公式如式（2-16）所示：

$$C_{MT\_fu} = \frac{S_g t}{Q_{LHV}} \sum [P_{MT}(t)\Delta t / \eta_e(t)] \qquad (2\text{-}16)$$

运行维护成本 C_{MT_op} 的计算公式如式（2-17）所示：

$$C_{MT\_op} = C_{MT\_1} P_{MT} \Delta t \qquad (2\text{-}17)$$

式中：C_{MT_1} 为时间间隔 Δt 内的运行维护成本。

2.1.4 储能模型

储能的运行约束如式（2-18）、式（2-19）所示：

荷电定义计算公式为：

$$SOC(t) = Q_E / Q_{max} \qquad (2\text{-}18)$$

荷电约束计算公式为

$$SOC_{min} \leqslant SOC(t) \leqslant SOC_{max} \qquad (2\text{-}19)$$

式中：$SOC(t)$ 为荷电状态；Q_E 为储能当前电量；Q_{max} 为储能最大容量；SOC_{min} 和 SOC_{max} 分别为储能荷电状态的下限和上限。

充放电过程—未考虑自放电过程计算公式为：

$$SOC(t) = SOC(t-1) + [u\eta_{char}P_{char}(t) - (1-u)P_{dis}(t)/\eta_{dis}]\Delta t / Q_{max} \qquad (2\text{-}20)$$

考虑自放电过程计算公式为：

$$SOC(t) = SOC(t-1) + [u\eta_{char}P_{char}(t) - (1-u)P_{dis}(t)/\eta_{dis} - D_B Q_{max}]\Delta t / Q_{max}$$

$$(2\text{-}21)$$

式中：$SOC(t-1)$ 为上一个时间段的荷电状态；u 为 0~1 变量；η_{char}、η_{dis} 分别为储能电池充电效率和放电效率；$P_{char}(t)$、$P_{dis}(t)$ 分别为储能电池的充电功率和放电功率；D_B 为时间段 Δt 内的自放电率。

充电功率约束计算公式为：

$$0 \leqslant P_{\text{char}}(t) \leqslant P_{\text{char\_max}} \tag{2-22}$$

放电功率约束计算公式为：

$$0 \leqslant P_{\text{dis}}(t) \leqslant P_{\text{dis\_max}} \tag{2-23}$$

式中：$P_{\text{char\_max}}$、$P_{\text{dis\_max}}$ 分别为储能电池的充电最大功率和放电最大功率。

$$P_{\text{char\_max}} = \min\left\{ I_{\text{char}}^{\max} V_{\text{bat}}, \frac{[SOC_{\max} - SOC(t)]Q_{\max}}{\eta_{\text{char}}\Delta t}, P_{\text{inv}} \right\} \tag{2-24}$$

$$P_{\text{dis\_max}} = \min\left\{ I_{\text{dis}}^{\max} V_{\text{bat}}, \frac{[SOC(t) - SOC_{\min}]Q_{\max}\eta_{\text{dis}}}{\Delta t}, P_{\text{inv}} \right\} \tag{2-25}$$

式中：$I_{\text{char}}^{\max}$、$I_{\text{dis}}^{\max}$ 分别为电池允许的最大充电电流和最大放电电流；V_{bat} 为储能端电压；P_{inv} 为储能系统逆变器容量。

2.1.5　可中断负荷模型

可中断负荷在参与系统运行时需先与电网公司签订合同，合同应规定负荷中断容量、中断持续时间、中断次数、提前通知时间和补偿费用等。可中断负荷主要面向工商业用户，一般只有当用户大于一定容量后才能参与，且需连续中断一定时间。同时，短时间内频繁地中断负荷不利于用户生产活动的恢复，需限定一定时段内的最大中断次数。提前通知时间是可中断负荷参与系统运行的一个重要指标，用户接到系统指令后需要一定时间对生产活动进行调整，提前通知时间越长，用户损失越少。可中断负荷在调度过程中可整合为虚拟发电厂参与系统运行，可中断负荷与火电机组的成本、出力及时间相关特性对比见表 2-1，通过对比可知可中断负荷与火电机组基本特性相似，可参考火电机组模型对可中断负荷建模。与火电机组对比，可中断负荷出力更加灵活，但其中断时长、中断次数限制了其参与系统运行，需对可中断负荷调度进行优化。

当系统出现故障或负荷预测误差时，调度中心根据事先制订的计划向参与中断负荷的用户发出信号，要求用户中断指定的负荷量及时长，用户在得到调度指令一定时间后中断负荷，获得中断费用或电价优惠。此外，在系统正常运行时尽量不中断负荷保证正常生产。

表 2-1　　　　　　　　　可中断负荷与火电机组基本特性对比

参　　数	火电机组	可中断负荷
成本特性	发电成本	中断补偿
	开机费用	无

续表

参　数	火电机组	可中断负荷
出力特性	最大出力	最大中断量
	最小出力	最小中断量
	爬坡速度	响应速度
时间相关特性	最小开机时间	最小中断时间
	无约束	最大中断时间
	最小关机时间	无约束
	无约束	中断次数
	启动时间	提前通知时间

2.2　分布式资源灵活性品质评估

从分布式资源运行的安全、可靠和经济性的要求出发，研究其灵活性需求的特征，结合梯级利用的目标，建立灵活性需求的评估方法并依此进行灵活性需求品质的分级评估。

2.2.1　灵活性需求品质评估指标

对灵活性需求而言，其价值并不都是相同的，在时间维度上，灵活性需求表现为从超短期的负荷波动调整到日波动预测偏差再调整到年度负荷供应容量需求保障，灵活性需求有缓有急；在经济层面上，也需要考虑满足需求的成本及需求未满足造成的损失。灵活性需求品质就是对系统灵活性需求时间紧迫性、经济性等特性进行综合考量的指标，能够为灵活性资源优化配置提供指导。

通过对四类典型灵活性需求的分析，本节提出了考虑时间紧迫性、容量有效性、经济成效性及社会影响性四个方面因素的灵活性需求品质评估指标体系，如图 2-1 所示。

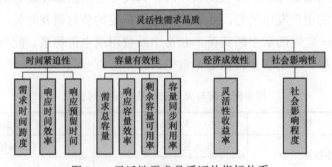

图 2-1　灵活性需求品质评估指标体系

（1）时间紧迫性。分布式资源发电在不同时间尺度上的波动特性决定了灵活性需求与时间尺度的强相关性。灵活性需求的时间紧迫性应从需求时间跨度、响应时间效率、响应预留时间 3 个方面进行衡量。

1）需求时间跨度。需求时间跨度指灵活性需求所覆盖的从开始到结束的时间长短，时间跨度越长，需求的影响范围越广，灵活性需求的紧迫性越高。

2）响应时间效率。响应时间效率指在需求覆盖时间周期中，实际由灵活性资源提供灵活性服务的时间占比，反映了灵活性需求对灵活性资源在时间尺度上的需求效率。响应时间效率越高，在响应时灵活性资源被利用的越充分，灵活性需求的质量越高。

3）响应预留时间。响应预留时间是指需求在被提出时刻至灵活性资源被实际调用时刻过程的时间长短，响应预留时间可以理解为系统可以为之准备的时间，响应预留时间越短，对灵活性资源的要求越高，灵活性需求的质量越高。

（2）容量有效性。灵活性需求的性质不同，有的灵活性资源仍有剩余容量可以为系统提供其他调节，有的灵活性资源则无法将剩余容量用于其他途径，因此各灵活性需求的容量利用质量有所差异。对容量有效性的评估应从需求总容量、响应容量效率、剩余容量可用率、容量同步利用率 4 个方面进行。

1）需求总容量。需求总容量取灵活性需求周期内最大灵活性需求容量，总容量越大，灵活性需求的迫切性越高、质量越高。

2）响应容量效率。响应容量效率指灵活性资源在响应过程中平均利用容量占需求总容量的比例，容量效率越高，灵活性需求的容量质量越高。

3）剩余容量可用率。剩余容量可用率指被调用后灵活性资源剩余容量可被用于其他灵活性需求的效率，剩余容量可用率越高，灵活性需求的容量质量越高。

4）容量同步利用率。该指标主要用于周期较长的灵活性需求的评价，指灵活性资源被调用期间，响应容量能够为其他灵活性需求提供服务的比例。对于一般日内、小时级、分钟级、秒级的灵活性需求而言，容量被调用后不可被其他需求调用，容量同步利用率为 0。若是基于远周期的容量需求，例如火电灵活性改造、容量市场等，可考虑容量同步利用性。

（3）经济成效性。在市场作用下，经济性也成为决定灵活性资源配置的

23

一个重要因素。在某些情形中，容易出现灵活性资源紧缺，而灵活性服务成本远大于某部分灵活性缺失造成的损失的情况，此时该灵活性需求的经济成效性变现较差，将优先配置灵活性资源用于经济成效性高的需求。本节提出将灵活性收益率作为衡量经济成效性的指标。

灵活性收益率指响应灵活性需求的经济收益（即灵活性需求缺失造成的损失）与响应需要的成本之比。灵活性收益率越高，灵活性需求的经济成效性越好，灵活性需求品质越高。

（4）社会影响性。若灵活性需求未得到响应，分布式能源的运行将受到影响，从而影响国民生活或生产，带来的不利影响分为经济影响和社会影响。较小的社会影响可以是影响居民取冷或取暖，或者洗衣做饭等家庭起居，影响用电体验，但不会造成安全隐患；另外，还可能影响到一些电器的使用安全，或者影响交通信号灯等公共服务，有一定安全隐患。较大的社会影响包括国防、军事、医疗、重大事务等对供电质量要求极高的用电需求，灵活性缺失的社会波及面广、重要程度高。因此，本节提出对灵活性需求的社会影响程度进行评估。社会影响程度是定性指标，社会影响程度越高，灵活性需求品质越高。

2.2.2　灵活性需求分级体系

2.2.2.1　定性评估

依据需求品质评估指标体系，基于时间尺度对灵活性需求进行定性分析，结果如图 2-2 所示。

通过定性分析可知，由季节性负荷和可再生能源波动引起的爬坡灵活性需求、容量保障需求，以及由负荷及可再生能源年度容量充裕度引起的容量保障需求，都具有时间紧迫性低、容量有效性较低、经济成效性较低的特点，考虑到这几类需求覆盖面较广，判断其社会影响性较高。此类中长期和远期的灵活性需求性质较为相似，且时间紧迫性低，在本节暂不对此类灵活性需求进行分级，并判断其灵活性品质较低。

由超短期、短期、日负荷及可再生能源波动引起的紧急事故调节、频率稳定性、爬坡灵活性需求具有时间紧迫性高、容量有效性偏低、经济成效性高、社会影响性较高的特点，且各灵活性需求又有各自优劣势。定性分析无法对其灵活性品质进行衡量，因此需要依据灵活性需求评估指标体系，结合客观数据，对该部分灵活性需求进行定量评估。

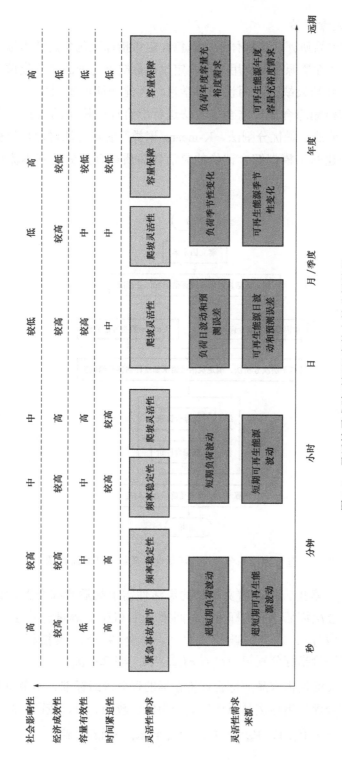

图 2-2　灵活性需求随时间尺度的定性分析结果

2.2.2.2　定量评估

灵活性需求品质评估指标体系中既包含定量指标又包含定性指标，在可再生能源及灵活性资源开发利用初期，定量指标缺乏充分的样本集做支撑，少量样本的评判结果缺乏通用性和科学性，因此初期可采用主观评分法、层次分析法和模糊综合评价结合的方法进行综合评估模型的构建；在发展阶段可采用五分法、最优分割法、K-means 聚类等客观方法对定量指标进行处理。本节构建基于模糊综合评价的灵活性品质综合评估的基本流程如图2-3 所示。

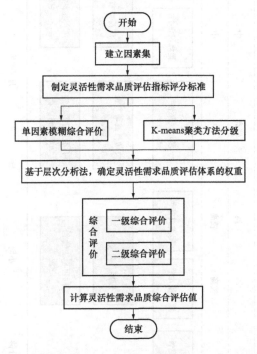

图 2-3　基于模糊综合评价的灵活性品质综合评估流程图

（1）建立因素集。根据前文构建的灵活性需求品质的综合评估指标体系可知，第一层次特征评价指标为：时间紧迫性（U_1）、容量有效性（U_2）、经济成效性（U_3）、社会影响性（U_4），下分 9 个二级指标，这些灵活性资源特征评价指标分别记为 $U_{ij}(i=1,2,\cdots,4; j=1,2,\cdots,n_i)$。

（2）制订灵活性需求品质综合评价指标的评分等级标准。本节将灵活性需求品质的综合评价指标按品质评价划分为低、较低、中、较高、高 5 档。

$$V = \{V_1, V_2, V_3, V_4, V_5\} = \{低, 较低, 中, 较高, 高\} \qquad (2-26)$$

（3）确定灵活性需求品质综合评估指标的权重。利用层次分析法确定一级指标的权重为 $A = (w_1, w_2, \cdots, w_m)$，其中，$0 \leqslant w_i \leqslant 1$，且 $\sum_{i=1}^{m} w_i = 1$，$i = 1, 2, \cdots, m$。二级评价指标的权重集为 $A_i = (w_{i1}, w_{i2}, \cdots, w_{ij})$，且 $0 \leqslant w_{ij} \leqslant 1$。其中，$i$ 为一级指标的个数，j 为各一级指标下的二级指标的个数。

（4）指标层综合评价——主客观结合的评价方法。对初期定量指标或所有定性指标采取单因素模糊评价的方法进行评价：本节对灵活性需求品质的综合评估指标的评价采用 10 分制，对评语分别赋值：低：[0，2）；较低：[2，4）；中：[4，6）；较高：[6，8）；高：[8，10]。由专家组对评价对象的每一个指标进行相应等级评判，则隶属度如式（2-27）所示：

$$r = 判断某个指标属于 V_j 的专家个数 / 专家总数 \quad (2\text{-}27)$$

假设请 N 名专家对准则层指标 $U_i(i=1, 2, \cdots, 4)$ 进行评价，每位专家根据自己的评价填写下表，评价结果见表 2-2。

表 2-2　　　　　　　　　　专　家　评　价　结　果

专家＼因素	U_1	U_2	U_3	U_4
1	x_{11}	x_{12}	x_{13}	x_{14}
2	x_{21}	x_{22}	x_{23}	x_{24}
…	…	…	…	…
N	x_{N1}	x_{N2}	x_{N3}	x_{N4}

$x_{ij}(i=1, 2, \cdots, N; j=1, 2, \cdots, 4)$ 表示第 i 名专家对 U_j 的评分，根据上述式（2-27）所描述的确定隶属度的方法及专家评分结果，得到评价矩阵 R：

$$R = \begin{bmatrix} r_{11} & r_{12} & \cdots & r_{15} \\ r_{21} & r_{22} & \cdots & r_{25} \\ \vdots & \vdots & \ddots & \vdots \\ r_{j1} & r_{j2} & \cdots & r_{j5} \end{bmatrix} \quad (2\text{-}28)$$

同理，也可以得到所有二级指标的评价矩阵。

（5）指标层综合评价——客观指标的综合评价。本节引用 K-means 算法对客观灵活性需求品质评估定量指标进行对比分析，旨在通过 K-means 算法的使用，来获得 5 个等级所对应的该指标的分级情况，从而划分出不同水平的区间。

选取欧氏距离确定每个指标与质心间的距离，由于本节灵活性需求评估指标均为一维指标，因此距离为两者之间差的绝对值，相关定义如式（2-29）所示：

$$D(i, j) = |x_i - y_j| \, (i = 1, 2, \cdots, N; j = 1, 2, \cdots, K) \qquad (2\text{-}29)$$

式中：x_i 为第 i 个指标；y_j 为第 j 个质心；N 为指标个数；K 为质心个数。

根据 K-means 聚类将定量指标划分为 5 个等级，并确定每个等级的数值范围，由此判断某评价主体的定量指标所处评价级别，并依据评级结果赋予定量指标关于评语集的隶属度向量。

若定量指标为 j 级，则 $r_j = 1$，其他隶属度为 0，如式（2-30）所示：

$$\bar{r} = \{r_1, r_2, \cdots, r_5\} \qquad (2\text{-}30)$$

（6）综合评价结果。由单因素模糊评价和 K-means 聚类方法结合得到综合评价矩阵 R。

1）对指标层的综合评价结果。灵活性需求品质综合评估指标体系中每个二级评价指标 C_{ij} 对于准则层的权重为 $A_i = (a_{i1}, a_{i2}, \cdots, a_{ij})$，进行综合评价得到评价结果为 $B_i (i = 1, 2, \cdots, m)$，如式（2-31）所示：

$$B_i = A_i \circ R_i = (b_{i1}, b_{i2}, \cdots, b_{i4}) \qquad (2\text{-}31)$$

2）对准则层的综合评价结果。将灵活性需求品质综合评估指标体系的所有 B_i 综合表示为向量矩阵 B，如式（2-32）所示：

$$B = \begin{bmatrix} B_1 \\ B_2 \\ \vdots \\ B_m \end{bmatrix} = \begin{bmatrix} b_{11} & b_{12} & \cdots & b_{1p} \\ b_{21} & b_{22} & \cdots & b_{2p} \\ \vdots & \vdots & \ddots & \vdots \\ b_{m1} & b_{m2} & \cdots & b_{mp} \end{bmatrix} \qquad (2\text{-}32)$$

灵活性资源综合评估体系一级评价指标 U_{ij} 对于目标层的权重为 $A = (a_1, a_2, \cdots, a_m)$，进行综合评价得到评价结果为 C，如式（2-33）所示：

$$C = A \circ B = (c_1, c_2, \cdots, c_p) \qquad (2\text{-}33)$$

3）计算灵活性资源的总评价值。确定 $F = (1, 3, 5, 7, 9)$ 为各评价等级赋值向量，据此计算灵活性资源评价的综合评价值 Z，如式（2-34）所示：

$$Z = C \circ F^{\mathrm{T}} \qquad (2\text{-}34)$$

2.2.3 分布式资源品质评估

2.2.3.1 灵活性措施品质评估

建立灵活性措施品质评估指标体系，由于灵活性措施应用不足，且灵活性调节效果不易考察，缺乏调研数据，仅对其进行定性评估。

（1）评估指标。灵活性措施主要从市场激励的角度为灵活性资源提供投资回报，因此主要从对可调用资源的激励效果出发，对灵活性措施下可调用资源的响应周期、响应效果、市场成熟度 3 个方面进行分析。

1）响应时间。响应时间指自灵活性措施实施时刻起，可调用资源接受灵活性措施调用并取得灵活性效果的时间。响应时间越长，灵活性提升越缓慢，响应时间越短，灵活性效益越好。

2）响应程度。响应程度指灵活性措施实施后，受调度的资源参与的容量占其灵活性总容量的比例。响应程度越高，灵活性措施对系统灵活性提升效果越好。

3）响应范围。响应范围指灵活性措施实施后，参与的可调用资源的空间范围，响应范围越广说明灵活性措施的受益范围越广，灵活性提升效果越好。

4）市场成熟度。市场成熟度主要反映灵活性措施在国内推广应用的难易程度，可从国内外灵活性措施设计经验和国内已有政策基础两个方面进行衡量。

（2）定性评估。依据灵活性措施品质评估指标，基于时间尺度对灵活性措施的定性分析结果如图 2-4 所示。

通过定性评估可知，各灵活性措施在市场推行难易程度、影响范围、影响程度、响应时间方面的优势和劣势各不相同。

灵活性计划措施如发电计划和检修计划与传统调度联系紧密，技术和制度都十分成熟，在市场成熟度方面具有绝对优势；同时，可对省级电网灵活性资源进行调度，响应程度较高，响应范围较广。辅助服务市场包括备用、调峰和调频辅助服务，具备响应时间较长、响应程度较高的特点，与实时调度联系紧密，对分布式资源运行安全稳定性有着突出贡献。风光水火打捆可在区域市场中展开，促进跨省区的可再生能源消纳，通过火电与可再生能源按比例打捆的方式，赋予分布式资源灵活性，但此措施对送出省份灵活性要求较高，往往需要为间歇性可再生能源新投资一定容量火电，其市场环境下的收益保障是亟待解决的难题。自备电厂发电权转让和水火互济均采取置换发电量的形式，促进可再生能源消纳，增加灵活性机组容量，市场成熟度较高，但响应效果偏低，响应时间较长。而响应时间最长的是分时电价和绿色证书交易机制，采用价格杠杆的形式，利用需求弹性与供给弹性提升市场灵活性，实施成本较低，响应时间较长。

图 2-4 基于时间尺度对灵活性措施的定性分析结果

	日			月/季度		年度				远期
灵活性措施	调频辅助服务市场	调峰辅助服务市场	发电计划	备用辅助服务市场	风光水火打捆	自备电厂发电权转让	水火互济	检修计划	分时电价	绿色证书
市场成熟度	中	较高	高	较低	较低	较高	高	高	较高	低
响应范围	中	中	中	中	较高	较低	较高	中	中	高
响应程度	较低	较高	高	中	中	较高	低	高	较低	较高
响应时间	高	高	较高	较高	中	中	较低	中	低	中

2.2.3.2 分布式灵活性资源品质评估

建立可调用资源品质评估指标体系，并对常见的可调度资源进行定性分析，待灵活性市场建设成熟，与灵活性需求定量评价同理，可进行量化分析。

（1）评估指标。建立灵活性资源的综合评估指标体系，需要具体从灵活性资源的典型特征角度出发，进行各个特征的典型评价，再进行综合评价。本节从灵活性资源的响应速率、响应能力、响应实现能力、可转移能力和经济性五个方面构建了灵活性资源的综合评估指标体系，如图 2-5 所示。

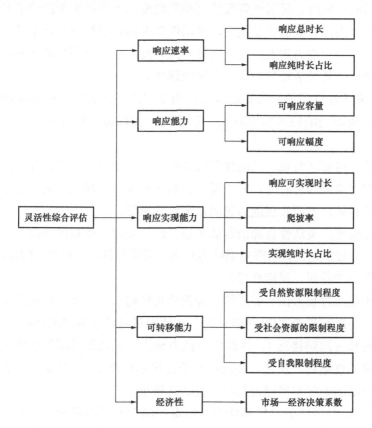

图 2-5 灵活性资源综合评估体系

1）灵活性资源的响应速率。衡量灵活性资源的响应速率，应从灵活性资源的响应总时长和响应纯时长占比两个维度进行衡量。

①响应总时长。灵活性资源的响应总时长反映了其实际响应需求的效率，时间越长，灵活性越低；时间越短，灵活性越高。

②响应纯时长占比。灵活性资源的响应纯时长占比指在整个响应过程中，从接到需求命令或信息到做出响应的纯响应时间与发出命令到开始响应的总时长的比值，纯响应时长占比越小，说明该资源的实质灵活性高，可以通过改进信息接收、命令响应等程序提高灵活性。

2）灵活性资源的响应能力。衡量灵活性资源的响应能力，应从灵活性资源的可响应容量和可响应幅度两个维度进行衡量。

①可响应容量。灵活性资源的可相应容量决定了其响应能力的大小，可响应容量越大，其响应能力越大，反之越小。

②可响应幅度。灵活性资源的可响应幅度的大小从侧面反映了灵活性资源的响应能力，可响应幅度越大，灵活性资源的灵活性可利用率越高，其灵活性越大，响应能力越大；反之则可响应幅度越小，灵活性资源的灵活性可利用率越低，其灵活性的响应能力相应越低。

3）灵活性资源的响应实现能力。衡量灵活性资源的响应实现能力，应从灵活性资源的响应可实现时长、爬坡率、实现纯时长占比3个维度进行衡量。

①响应可实现时长。灵活性资源的响应可实现时长指灵活性资源从开始响应到满足需求的总时间，时长越短，响应实现能力越强，灵活性越高；反之，时长越长，响应实现能力越弱，灵活性越低。

②爬坡率。灵活性资源的爬坡率指灵活性资源在单位时间内增加或减少的出力，爬坡率越高，响应实现能力越强，灵活性越高；反之，爬坡率越低，响应实现能力越弱，灵活性越低。

③实现纯时长占比。灵活性资源的实现纯时长占比指实现满足需求的纯响应时长与总时长的比值，纯响应时长占比衡量灵活性资源的连续响应能力，实现纯时长占比越接近1，连续响应能力越大，灵活性资源的响应实现能力越大，灵活性越高；反之，实现纯时长占比越远离1，连续响应能力越小，灵活性资源的响应实现能力越小，灵活性越小。

4）灵活性资源的可转移能力。衡量灵活性资源的可转移能力，应从灵活性资源受自然资源限制程度、受社会资源的限制程度，受自我限制程度等三个维度进行衡量。

①受自然资源限制程度。灵活性资源的受自然资源的限制程度部分决定了其可转移能力的大小，严重依赖于自然资源的灵活性资源或对自然资源条件要求高的灵活性资源，其可转移能力比较小。

②受社会资源限制程度。灵活性资源受社会资源限制程度同样部分决定

了其可转移能力的大小，严重依赖地方政策放宽或政策补贴得以生存的灵活性资源，其可转移能力小。

③受自我限制程度。灵活性资源的受自我限制程度依旧部分决定了其可转移能力的大小，其自身的安全性越低，外界的接受能力越差，其可转移能力越弱，自身形态等可以相对自由变换等能力越大，可转移能力越大。

5）灵活性资源的经济性。衡量灵活性资源的经济性，应考虑灵活性资源开发运行的成本效益，考虑成本分摊、投资回收、政策争取等问题。

（2）定性评估。依据可调用资源品质评估指标，基于时间尺度对可调用灵活性资源的定性分析的结果见表 2-3。

表 2-3　　　　基于时间尺度对可调用灵活性资源的定性分析

评估指标	响应速率	响应能力	响应实现能力	可转移能力	经济性
深度调峰火电	较高	高	中	高	中
可调节水电	较高	高	高	较低	高
抽水蓄能电站	高	中	较高	低	中
大规模 RES 基地	中	中	较低	低	较高
微电网	较高	较低	较高	高	高
联络线通道	—	—	—	—	—
灵活性负荷	高	较低	高	高	高
电动汽车	高	低	中	高	高
储能	高	较低	较高	高	中

其中，联络线通道通常与连接的送电或受电地区电力系统灵活性有关，不参与品质评估。在响应速率方面，抽水蓄能、储能、灵活性负荷、电动汽车表现最好，可调节水电、微电网和深度调峰火电机组响应及时性次之，大规模可再生新能源（Renewable Energy Source，RES）基地响应速率较慢。在响应能力方面，深度调峰火电和可调节水电响应容量最大，其中可调节水电响应幅度更优；抽水蓄能电站和大规模 RES 基地可提供容量次之；微电网、灵活性负荷、电动汽车、储能目前能够提供的响应容量较小，但储能和微电网响应幅度较大，具有很高的调节潜力。在响应实现能力方面，可调度水电最优，具备高爬坡速率和长响应周期；虽然储能、抽水蓄能电站、灵活性负

虚拟电厂交易机制与运营策略

荷爬坡速率更快，但响应持续时间往往不足；深度调峰火电响应持续时间较长，但是爬坡速率相对较慢。在可转移能力方面，深度调峰火电、微电网、灵活性负荷、电动汽车储能受自然条件等限制少，可转移能力较强。在经济性方面，可调节水电、微电网、灵活性负荷、电动汽车经济性较高，而火电、抽水蓄能电站、储能、大规模 RES 基地经济性相对较弱，随着技术进步，储能和大规模 RES 基地经济性提升潜力较大。

2.2.3.3 灵活性资源梯级优化利用

在传统电力系统中，火电在所有发电资源中占比重最大，水电次之，发电侧灵活性资源比例较高。系统灵活性需求主要来自负荷预测不准确性、输电不可靠性和机组的强迫停运，灵活性资源主要包括灵活性火电、可调节水电、抽水蓄能，且灵活性资源的调度方式较为单一。灵活性资源通常由电力系统运营机构统一调度，并强制执行，事后按照各灵活性需求类型的统一标准进行补偿。传统电力系统灵活性资源典型调用模式如图 2-6 所示。

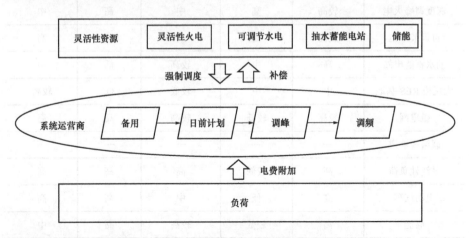

图 2-6　传统电力系统灵活性资源典型调用模式

在高比例可再生能源接入后，由于风光等可再生能源的随机性与间歇性，以及负荷侧电动汽车、微电网用电的间歇性，系统灵活性需求增加，传统灵活性资源难以满足需求。因此，电网侧、负荷侧、储能侧灵活性潜力被开发出来，同时为激励灵活性资源参与系统调节，各类以市场化形式调用灵活性资源的措施被提出，形成了复杂的灵活性供需体系，其典型调用模式如图 2-7 所示。

针对复杂的灵活性供需体系，国内外学者已经开展机制设计、资源规划、优化调度等多方面研究。目前灵活性资源优化利用研究主要有三种思路，第

34

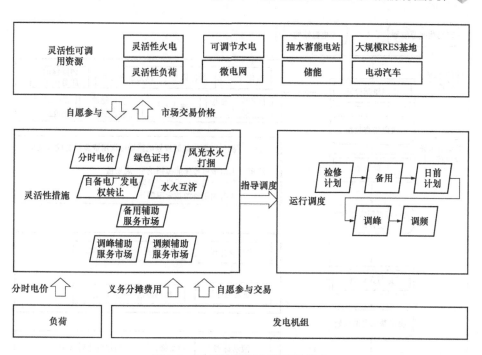

图 2-7　灵活性资源典型调用模式

一种是在含灵活性资源的电力系统中，以分钟级的功率调节为短期灵活性需求，不考虑网络约束基于运行和补偿成本最优进行灵活性资源优化调度建模；第二种是考虑网络约束，以某一种新型灵活性资源与传统火电一起参与灵活性调度，基于运行成本最优或可再生能源消纳最大化进行调度优化建模；第三种是将灵活性资源规划和灵活性资源运行结合，基于多目标进行多类型灵活性资源的双层统筹规划。

　　本节提出的灵活性资源梯级优化利用方法立足于多时间尺度电力系统全局灵活性需求的协调，基于灵活性品质评估为不同需求分配对应灵活性资源，从上到下对电力系统复杂灵活性供需体系进行优化，从市场机制层面设计合理的灵活性资源市场收益机制，从投资规划层面进行考虑可再生能源消纳的灵活性资源投资规划，从运行预计划层面考虑多时间尺度灵活性充裕度的灵活性资源预调度，从系统运行层面进行灵活性资源参与针对超短期计划执行偏差修正的实时调度优化，并将运行层的统计数据反馈给市场机制层，由此形成"自上而下"的多时间尺度灵活性资源梯级优化利用体系，为地区、省级、区域级电力系统灵活性资源优化配置提供理论支撑，有利于构建良好的高比例可再生能源消纳环境。灵活性资源梯级优化利用流程如图 2-8所示。

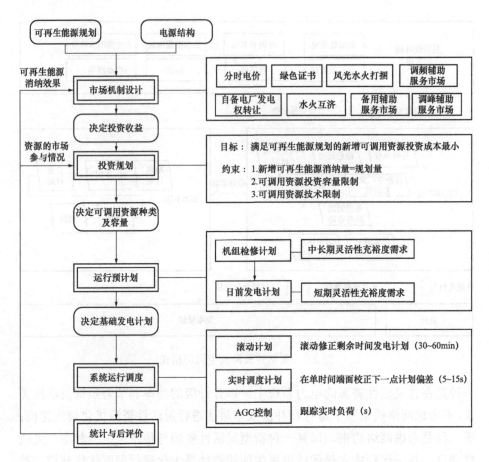

图 2-8 灵活性资源梯级优化利用流程

第3章

虚拟电厂参与电力市场的
交易模式

随着新型电力系统的建设与电力市场改革的逐步推进，电力需求侧资源从传统的电网购电过渡到能够以多种形式参与电力市场，面临更多的市场机遇。虚拟电厂在聚合电力需求侧资源参与电力市场时可综合考虑参与多种市场效益，通过合理配置资源以获得较大市场效益。本节主要阐述虚拟电厂参与电力市场的交易模式以及相应的市场价值。

3.1　虚拟电厂参与电力市场价值

在传统电力市场中，需求侧资源往往只作为买方，支付给电力供应商电费和相关服务费用，需求侧是买方完全竞争、供给侧是卖方竞争性垄断，需求侧电力用户处于被动地位。在竞争市场中卖方可以通过控制价格转移买方效益至卖方，这不仅仅损害需求侧效用、降低整个社会的市场效益，更不利于竞争性电力市场的建设。

随着新型电力系统的建设，虚拟电厂通过聚合分布范围广、个体数目多、单个容量相对较小的电力需求性资源，不仅可以作为买方获得电力服务，还可以作为卖方为电网、能源供应商等提供服务。新型电力系统建设背景下，虚拟电厂能够为电力需求侧资源提供以下条件：聚合需求侧资源。虚拟电厂的一体化平台提供了连接各类需求侧资源的技术、设备和管理条件，可以聚合大量的需求侧用户，为各类资源的整合、调度和管理提供条件。信息集成、共享与控制。新型电力系统汇集全方位的、海量的数据并实现允许范围内的信息共享，为聚合后的需求侧资源决策提供信息支撑。科学化管理。单一用户难以负担相关设备、信息的管理成本，也难以准确设计合理参与电力市场的策略，人工智能技术的发展为

37

新型电力系统中虚拟电厂相关信息处理与决策支撑提供条件。

　　虚拟电厂参与电力市场运营能够体现电网调节价值、灵活互动价值以及电力电量价值。在电网调节价值方面，随着新能源占比的逐步提升，其出力的随机性和波动性对电力系统调节能力的需求增大，供给侧的经济性与资源利用效率受限，虚拟电厂可以提供辅助服务或参与需求响应，促进新能源的消纳。在灵活互动价值方面，虚拟电厂通过充分参与电网双向互动促进新能源消纳；新能源波动大、难以精确预测的特点使得新能源厂商面临并网考核困境，虚拟电厂参与供需互动可降低其考核难度。在电力电量价值方面，随着电力市场的建设，新型电力系统下虚拟电厂参与电力交易有助于实现中长期交易到现货交易的过渡。

3.2　体现电网调节价值的虚拟电厂交易模式

3.2.1　参与辅助服务

　　我国各地相继出台电力辅助服务市场交易规则，部分地区鼓励需求侧资源参与电力辅助服务交易。在传统的并网辅助服务交易中，辅助服务费用由相对低效的火电厂商惩罚分摊，高效的火电厂商获得辅助服务奖励。新阶段辅助服务由新能源厂商支付补偿费用，火电获得辅助服务补偿费用，各地区调峰辅助服务市场交易价格见表 3-1。

表 3-1　　　　　　　　　各地调峰辅助服务市场交易价格

地区	实时深度调峰	可中断负荷调峰	电储能调峰
华东	第一档，上限 0.3 元/kWh 第二～五档，上限 0.4、0.6、0.8、1.0 元/kWh	—	—
东北	第一档，0～0.4 元/kWh 第二档，0.4～1 元/kWh	报价下限：0.1 元/kWh 报价上限：0.2 元/kWh	报价下限：0.1 元/kWh 报价上限：0.2 元/kWh
华北	第一档，0～0.3 元/kWh 第二档，0～0.4 元/kWh	—	—
西北 甘肃	第一档，0～0.4 元/kWh 第二档，0.4～1.0 元/kWh	报价下限：0.1 元/kWh 报价上限：0.2 元/kWh	报价下限：0.1 元/kWh 报价上限：0.2 元/kWh
南网	第一档，上限 0.2 元/kWh 第二～五档，上限 0.4、0.6、0.8、1.0 元/kWh		

　　然而，仅仅依靠火电机组提供辅助服务，一方面影响火电机组运行经济性和使用寿命，另一方面会给生态环境带来负面影响。虚拟电厂作为一种新

型的能源聚合方式，电力物联网的建设为其提供了及时的信息传输与设备控制技术，使其具有参与调峰、提供短期备用等辅助服务的能力。虚拟电厂参与辅助服务市场已有市场建设基础，在火电厂商调峰能力达到上限或者调峰成本高于虚拟电厂调峰成本时具有竞争优势。

在参与辅助服务市场过程中，首先，虚拟电厂按照其聚合的柔性负荷、储能等分布式能源资源的容量、可调节范围及可调节时间等进行分析，得到虚拟电厂参与调峰或备用等辅助服务的可调节容量；然后，在辅助服务市场中报价，签订不同时段、调节能力和价格辅助服务合同；最后，在得到辅助服务调度指令后通过电力物联网信息通信系统的信息传递、用户响应等方式，及时调控柔性负荷和储能充放电等分布式能源资源参与辅助服务。

虚拟电厂参与辅助服务后，在提高新能源消纳能力及电力系统灵活性的同时，可获得参与电力辅助服务的收益。虚拟电厂参与辅助服务的收入计算方式如式（3-1）所示。

$$W_1 = \sum_{i=1}^{n} \left[\int g_i(t) \mathrm{d}(t) \cdot P_{2,i} - \delta_i \right] \tag{3-1}$$

式中：W_1 为虚拟电厂参与辅助服务的收入；$g_i(t)$ 为第 i 个中标辅助服务确认功率；$P_{2,i}$ 为第 i 个中标辅助服务出清价格；δ_i 为第 i 个中标辅助服务考核费用，若无考核则为 0。考核费用计算对于不同市场组织方式、不同参与主体、不同调峰机制具有不同的参与量确认方式。

3.2.2 参与需求侧响应

为促进电力供需平衡、优化资源配置、促进清洁能源消纳的同时缓解电网运行压力，我国部分地区相继出台需求响应细则。各地需求响应市场交易价格见表3-2。

表3-2 各地需求响应市场交易价格

地区	削峰需求响应	填谷需求响应
江苏	①约定响应：10、12、15 元/kW； ②实时响应：约定响应价格×电价系数	①谷时段：5 元/kWh； ②平时段：8 元/kWh
浙江	①日前响应：价格上限为 4 元/kWh； ②实时响应：4 元/kWh	①日前响应：1.2 元/kWh； ②实时响应：4 元/kWh
山东	①紧急型：容量补偿［2 元/（kW·月）］＋电能量补偿（现货市场价格） ②经济型：电能量补偿（现货市场价格）	
天津	①邀约型：2 元/kW ②紧急型：5 元/kW	邀约型：1.2 元/kWh

地区	削峰需求响应	填谷需求响应
重庆	10 元/kW/次、15 元/kW/次	1 元/kW/次
宁夏	2 元/kWh	0.35 元/kWh
广东	①日前邀约：价格上限为 3500 元/MWh，价格下限为 70 元/MWh ②可中断负荷交易：价格上限为 5000 元/MWh，价格下限为 70 元/MWh	

  一般情况下，需求响应交易中需求侧用户申报容量越大、报价越低越能够成交。然而，在传统需求响应交易中，用户由于规模较小、响应能力（包括速度、时间、成本）较弱而难以获得有力的市场竞争力，因而在需求响应方式的选择上也相对受限。虚拟电厂能够聚合海量的需求侧资源，聚合后的响应容量得到极大的提升；由于其设备控制能力强、预测技术高、设备条件足，其在响应能力上也具有明显的提升；因此，虚拟电厂参与需求响应交易具有明显的优越性。虚拟电厂首先统计负荷曲线，预测负荷基线走向；然后通过考虑可控负荷、储能资源等的响应能力，确定虚拟电厂的可调节范围；进而在需求响应市场上报容量和价格；最后通过新型物联网的控制设备或者信息通信系统等方式参与需求响应。

  虚拟电厂参与需求响应交易在提高新能源的消纳能力、保障电力稳定可靠供应的基础上，同时获得需求响应收益。虚拟电厂参与需求响应的收益计算方式如式（3-2）～式（3-4）所示：

$$\Delta_1 = \left| f(k) - h(k) \right| \tag{3-2}$$

$$w_n = \begin{cases} 0, & \Delta_1 < pro_{n,\min} \\ \sum_{i=1}^{j} [\left| f(k) - h(k) \right| \cdot \lambda_i \cdot k_{n,i} \cdot p_n], & pro_{n,\min} < \Delta_1 < pro_{n,\max} \\ \sum_{i=1}^{j} (pro_{\max} \cdot \lambda_i \cdot k_{n,i} \cdot p_n), & pro_{n,\max} < \Delta_1 \end{cases} \tag{3-3}$$

$$W_2 = \sum_{n=1}^{m} w_n \tag{3-4}$$

式中：W_2 为虚拟电厂参与需求响应的收益；Δ_1 为虚拟电厂需求响应负荷大小；$f(k)$ 为用户第 k 次参与需求响应的负荷；$h(k)$ 为用户第 k 次参与需求响应的负荷基线；$pro_{n,\min}$ 为约定第 n 种需求响应最低响应量；$pro_{n,\max}$ 为约定第 n 种需求响应最高响应量；λ_i 为第 i 类需求响应系数；p_n 为第 n 种需求响应的响应价格；w_n 为第 n 种需求响应收益；j 为需求响应系数类别；$k_{n,i}$ 为第 n

种、第 i 类需求响应次数；λ 按照每次响应时段长、响应百分比、响应速度等，在不同地区有不同设置值；m 为不同地区按照市场需要设置的不同需求响应基础价格的分类。

式（3-4）中，m 不同于 3.2 节中的需求响应分类，上文的分类反映需求响应技术方法，可以体现于 λ 也可以体现于 m。

3.3 体现灵活互动价值的虚拟电厂交易模式

3.3.1 低谷弃电曲线追踪

可再生能源具有清洁、安全、变动成本较低等特点，高比例可再生能源接入对于改善能源结构、提高电力经济性具有重要意义。然而，当调度调峰能力达到极限，在电力充沛的情况下往往放弃出力波动性大的可再生能源，选择其他出力稳定的能源。

供需灵活互动可以有效消纳弃电。虚拟电厂聚合需求侧资源，一方面满足电力电量需求，另一方面提升电力供应经济性。对低谷弃电进行追踪，以相对较低的价格实现弃电交易，帮助虚拟电厂解决上述两方面需求。首先由清洁能源场站发布低谷弃电消纳需求信息给虚拟电厂，由虚拟电厂及时调动储能资源充电或灵活性负荷用电以完成弃电消纳，最终按照不同电力交易方式进行结算。

按照调节技术难度和市场完善度，可设计弃电追踪交易、峰谷分段电量交易和曲线追踪交易 3 种低谷弃电追踪交易方式，不同方式采用不同结算机制。对于弃电追踪交易，新能源场站发布弃电信息，虚拟电厂调控资源进行弃电消纳，最终按照弃电消纳量进行结算，弃电追踪曲线如图 3-1（a）中的绿色曲线所示。对于峰谷分段电量交易，新能源场站发布不同时段电量电价信息，直接对低谷电量以较低价格进行打包集中交易，而对负荷高峰时段电量则以较高的价格交易，激励虚拟电厂及时调整负荷曲线，最终按照峰谷电量、电价进行结算，如图 3-1（a）所示。对于曲线追踪交易，考虑电量电价和容量电价，将电站功率曲线划分为若干段，每段以不同的交易价格进行追踪交易，可将电站功率曲线按 30 分钟分段，每段实行不同的电力价格，如图 3-1（b）所示。

低谷弃电追踪交易可以使供给侧弃电得到消纳、发电站可以获得电量收益；而虚拟电厂获得更加低价电，降低电力电量成本。虚拟电厂参与低谷弃电曲线追踪的效益计算方式如式（3-5）所示：

$$W_3 = \begin{cases} q_1(P_{\text{chang}} - P_{qi}), & \text{弃电追踪交易} \\ C - \sum_{t=1}^{3}(q_{3t} \cdot p_{3t}), & \text{峰谷分段电量交易} \\ C - \sum_{t=1}^{48}(q_{3t} \cdot p_{3t}), & \text{曲线追踪交易} \end{cases} \quad (3\text{-}5)$$

式中：W_3 为需求侧参与低谷弃电追踪交易的收益；C 为不参与低谷弃电曲线追踪时的电费；q_1 为弃电追踪电量；P_{chang} 为常规电价；P_{qi} 为弃电电价；q_{3t} 为第 t 段时间内的用电量，峰谷分段交易中 t 代表为峰/谷/平段；p_{3t} 为第 t 段时间内的用电价格，峰谷分段交易中 t 代表为峰/谷/平段。

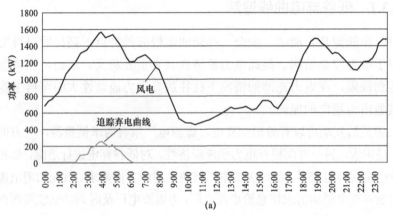

(a)

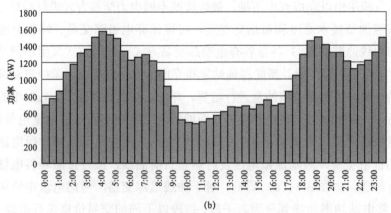

(b)

图 3-1　某风电场某日的日追踪曲线

（a）风电及弃电追踪交易量曲线；（b）风电追踪交易分段功率曲线

3.3.2　新能源与用户偏差替代

新能源并网需要接受考核和结算，但由于新能源发电预测难度较大，如何减少考核费用成为新能源场站面临的重要问题。

需求侧资源与电网的双向友好互动为解决新能源并网考核问题提供新思路。针对并网考核问题，虚拟电厂拥有大量可调度资源，可与新能源场站灵活互动。对于用户侧需接受偏差考核的第一类电力用户，新能源场站也可以辅助其免于偏差考核。在替代方法上，当新能源场站发现下一节点新能源出力无法达到偏差范围内的预测发电量时，可及时向虚拟电厂发送并网考核需求；当虚拟电厂接收到新能源场站的处理曲线信息后，可及时调度负荷和储能资源，减少新能源场站的考核偏差量，由此使得新能源场站免于并网考核。新能源与用户偏差替代方式如图 3-2 所示。虚拟电厂通过调度资源辅助并网，抑制新能源波动性，不仅辅助新能源场站免于考核，同时还辅助用户侧免于偏差考核。

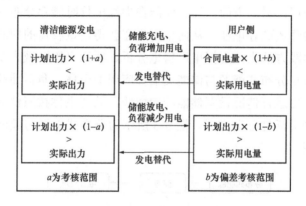

图 3-2 新能源与用户偏差替代方式

在新能源与用户偏差替代中，供给侧获得并网考核费用减少效益；虚拟电厂获得新能源场站的辅助并网补贴，其效益计算方式如式（3-6）所示：

$$W_4 = Q_4 \cdot P_4 \qquad (3\text{-}6)$$

式中：W_4 为新能源与用户偏差替代效益；Q_4 为偏差替代电量；P_4 为偏差替代电量。

3.4 体现电量电力价值的虚拟电厂交易模式

3.4.1 分布式能源与储能灵活性应用

2020 年 6 月，为贯彻落实《中共中央 国务院关于进一步深化电力体制改革的若干意见》及相关配套文件要求，深化电力市场建设，进一步指导和规范各地电力中长期交易行为，适应现阶段电力中长期交易组织、实施、结算等方面的需要，国家发改委、能源局发布《电力中长期交易基本规则》。该文件肯定了电力中长期交易在电力交易中的主体地位，体现了市场机制既要促进可再生能源的消纳，也应合理体现和保障火电、储能、需求侧灵活性资源参与电力平衡、保障系统安全的价值，发展高比例可再生能源所引起的辅助服务成本的提高，也应在用户用电成本中有所体现并合理分摊。

分布式能源与储能是需求侧能源供应与资源灵活性应用的重要来源。传统的分布式能源发电，通过储能设备缓解电力波动，进而供用户使用以获得电量效益。在新型电力物联网下，其效益具有进一步扩大空间。

新型电力系统建设背景下整合各类型资源，分布式能源发电一方面可以直接供用户使用；另一方面，通过储能在尖峰电价时储存分布式能源电能，在电价低谷时释放储存电能，从而使用户在获得电量收益的同时享受分时电价效益。在实践方法上，虚拟电厂售电分析、感知平衡区域内发用电情况，确定有条件参与分布式能源与储能灵活性应用的个体、负荷曲线和容量；然后根据电力历史运行情况设置储能响应曲线，储能主体按照储能设备充放电情况选择不同灵活性互动方式。图 3-3 所示为分布式能源与储能灵活性应用的能流示意图。

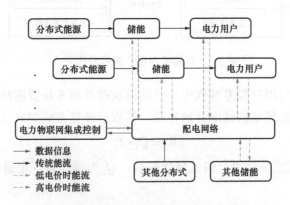

图 3-3　分布式能源与储能灵活性应用能流示意

在分布式能源与储能灵活互动中，分布式能源提高了消纳能力，获得了更多的电量交易收入；储能资源通过充放电获得电力差价收益，分布式电源与储能灵活性应用的计算方式如式（3-7）所示：

$$W_5 = P_{peak} \cdot Q_{new} + (P_{peak} - P_{valley}) \cdot Q_{trans} \tag{3-7}$$

式中：W_5 为分布式电源与储能灵活性应用效益；P_{peak} 为峰段电量电价；Q_{new} 为增加的分布式能源消纳量；P_{valley} 为谷段电量电价；Q_{trans} 为转移负荷量。

3.4.2 兼顾现货的带曲线中长期交易

传统的电力中长期交易按照年度、月度等多时间尺度展开电量交易，签订相应时间内的电量合同，在合同执行期间按计划执行，并对供需双侧进行偏差考核。该种模式方便电力交易的管理，但未能充分体现电力电量价值，市场需要根据供需情况根据发用电需求，优化资源配置。在未来电力市场交易中，立足于电力中长期交易为实物交易的基本属性，要求电力中长期交易在不同时间尺度进行进一步划分，针对峰谷时段签订不同价格和电量的交易合约，利用市场竞争机制还原电力电量的价值属性。与此同时，兼顾电力现货市场作为补充手段，以日前、日内、实时三种尺度展开交易合约之外的电量交易，进一步优化资源配置。

兼顾现货的带曲线中长期交易是新型电力系统建设背景下考虑电力电量价值和电力价值的电力交易方式。首先，在该市场的年度交易中，按照年度峰谷平交易时段进行分解，不同时间分段的供需双方可签订不同电价的交易合约；然后，在月度交易中，按照月度"24 点"分解，将月度交易时段分解为多节点时段，供需双方签订不同分段电量电价的交易合约；进而，在周内短期交易中，对周内短期交易进行分时段电力电量分解，进一步细化交易时段和方案，此时电力电量交易的时段和方案的细致程度与实物电量曲线相似，最终可进一步实现日间"48 点"等分段电量交易，在电力现货交易市场中完成负荷偏差补充。其交易示意图如图 3-4 所示。

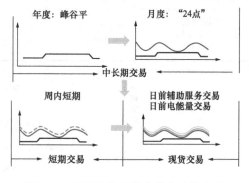

图 3-4 兼顾现货的带曲线中长期交易

在该形式下，中长期电力合约为交易双方规避了现货风险，还原了电力的价值曲线，同时最大限度地拟合电力价格与电力价值的曲线变化。其中，短期交易能应对新能源发电波动性和随机性特点，与现货交易相比，可以降低刚性、挖掘更大的调节能力。因此，兼顾现货的带曲线中长期交易能够促进新能源消纳，反映快速调节能力的时空价值。

3.5　虚拟电厂参与电力市场的发展路径

考虑面向供需灵活互动的电力市场，本节总结了 6 种需求侧参与电力市场模式，其特点、效益来源和能力实现方式见表 3-3。值得注意的是，需求侧资源参与不同的市场交易模式需要考虑政策与技术等因素，在适当的时机进入市场才能获得最大效益，不同模式对于政策和技术要求示意如图 3-5 所示。

表 3-3　　　　新型电力系统下需求侧资源参与电力市场交易

模式	特点	效益来源	能力实现方式	适用条件
参与需求响应市场	补偿价格较高，收益可观，0.9～16 元/kWh	政府补贴	调节	调峰能力不足、峰谷差较大的区域
参与辅助服务市场	易起步，有市场基础	电厂分摊	调节	
低谷弃电的曲线追踪	曲线追踪	弃电降价、分时电价	调节、存储	新能源富裕地区、用户灵活性较高、消纳富裕可再生能源
新能源与用户偏差替代	抑制波动性，减少偏差	新能源补贴	存储	
分布式能源、储能灵活性应用	时间价值，增值服务模式	分时价差	存储	现货交易地区
兼顾现货的带曲线中长期电力交易	构建灵活互动的价值体系	电量价值+电力价值	调节、存储	未来电力市场

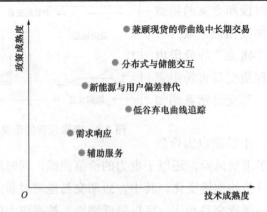

图 3-5　多样化需求侧参与电力市场模式

目前，在我国电力交易市场中，部分地区已经出台了相应的需求响应和辅助服务市场规则,鼓励需求侧资源参与市场交易。我国已在江苏、宁夏、吉林、蒙东、上海等地开展促进新能源消纳的市场建设相关试点工作。本节提出的需求侧资源参与电力市场模式,充分考虑了用户参与条件与能力,兼顾实际情况与创新性技术。在未来高比例可再生能源接入的条件下,发展需求侧与新能源的灵活互动空间巨大。

第 4 章

虚拟电厂的"*N+X*"
多层次多级准入机制

准入机制的设计是虚拟电厂参与电力市场运营的基础。本章根据标准体系建设原则,分析对比国内外电力市场准入情况,提出批发零售市场中考虑物理层、信息层、价值层的多层次准入标准体系框架,详细解释了每个层次的功能以及各个层次之间的区别与联系。对每个层次包含的具体内容,以政策文件为背景,进行举例分析。最后介绍了虚拟电厂"*N+X*"多层次多级准入机制。

4.1 国内外电力市场准入现状分析

4.1.1 国内电力市场准入现状分析

市场准入制度是国家对市场主体资格的确立、审核和确认的法律制度,包括市场主体资格的实体条件和取得主体资格的程序条件。不同市场主体参与的电力市场类型不同,如表 4-1 所示。

表 4-1　　　　　　　　　　　不同市场主体参与的市场类型

市场主体	市场类型				
	中长期市场	辅助服务市场	需求响应市场	跨省跨区市场	现货市场
发电企业	✓	✓		✓	✓
售电企业	✓			✓	✓
电力用户	✓	✓	✓	✓	✓

4.1.1.1 发电企业

发电企业是电力批发市场中的售电主体,对于发电企业而言,可以分为优先电厂和市场化电厂两种类型。

对于市场化电厂，发电企业市场准入条件主要包括以下几个方面：

（1）应取得电力业务许可证（发电类）。仅开展基数电量合同转让交易的发电企业，可直接在电力交易机构注册。

（2）符合国家产业政策，环保设施正常投运且达到环保标准要求。

（3）并网自备电厂参与市场化交易，须公平承担发电企业社会责任、承担国家依法合规设立的政府性基金以及与产业政策相符合的政策性交叉补贴、支付系统备用费。

（4）省外以"点对网"专线输电方式向省内送电的燃煤发电企业，可视同省内电厂（机组）参与电力交易。省外符合要求的其他类型机组，按本规则相关要求参与江苏电力交易。

中长期市场：各省市电力中长期交易发电企业准入条件对比如表 4-2 所示。

表 4-2　　　　　　　　　各省市发电企业准入条件对比

比较项目\地区	山东	安徽	甘肃	湖南	河北
资质证明	依法取得《电力业务许可证》（发电类），新投产机组达到商业运营的条	符合国家基本建设审批程序，取得发电类的电力业务许可证	依法取得《电力业务许可证》（发电类）	具有独立法人资格、财务独立核算、能够独立承担民事责任。内部核算的发电企业须经法人单位授权	本省区域内具有法人资格或经法人授权的发电企业，符合国家基本建设审批程序并取得发电业务许可证
装机容量	单机容量在 30 万 kW 及以上的省调火电机组	单机容量在 30 万 kW 及以上的省调火电机组	省内除自备电厂以外的火电企业；省内装机容量 1.5 万 kW 及以上水电企业	湖南电网并网公用发电企业，含火电（含资源综合利用发电、热电联产）、水电（含抽水蓄能发电）、风电、太阳能发电。条件具备时，允许省外发电企业参与我省直接交易	单机容量 30 万 kW 及以上的公用火力发电机组；单机容量 30 万 kW 以下达到超低排放标准的机组以及区外机组分期分批开放电力直接交易
社会责任	并网自备电厂在公平承担发电企业社会责任、承担国家依法合规设立的政府性基金以及与产业政策相符合的政策性交叉补贴、支付系统备用费后，可作为合格的市场主体参与市场交易	公平承担发电企业社会责任，承担政府性基金、政策交叉补贴，并足额支付系统备用费 30 万 kW 及以上并网自备电厂	符合国家产业政策，节能、节水、污染排放达到国家要求	并入湖南电网的企业自备电厂在足额缴纳依法合规设立的政府性基金、政策交叉补贴及系统备用容量费的前提下，其自发自用以外的电量可参与直接交易	环保设施已正常投运，符合国家环保要求和河北省超低排放标准，相关环保设施在线监控信息已接入电力调度机构

发电企业在辅助服务市场、现货市场等不同市场准入条件如图 4-1 所示。

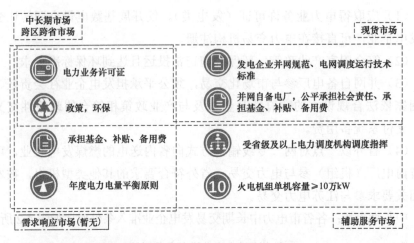

图 4-1　发电企业在不同市场准入条件

（1）发电企业参加辅助服务市场的准入条件包括：

1）电力辅助服务市场的市场主体为已取得发电业务许可证（包括豁免范围内）的省内发电企业（包括火电，水电，风电，光电等），以及经市场准入的电储能和需求侧资源，新建机组归调后方可提供电力辅助服务。

2）发电企业参与辅助服务市场要严格执行调度指令，不得以参与辅助服务市场交易为由影响居民供热质量。

3）自备电厂可自愿参与电力辅助服务市场。

4）网留电厂暂不参与电力辅助服务市场。

5）自发自用式分布式光伏、国家核准的光伏扶贫电站暂不参与电力辅助服务市场。

（2）发电企业参加跨省跨区市场的准入基本条件如下：

1）政府明确跨省消纳的发电企业，纳入省政府市场交易主体动态目录的发电企业，及其他政府同意的。

2）发电企业可以委托电网代理，小水电、风电、光伏发电等可再生能源也可委托发电企业代理。

3）自备电厂暂不参加。

（3）发电企业参加现货市场的准入基本条件为：

1）满足国家和行业有关发电企业并网规范、电网调度运行技术标准等要求。

2）参与现货市场的发电企业（机组），须符合国家和各省有关准入条件。

3）并网自备电厂参与市场化交易，须公平承担社会责任、承担政府性基金以及政策性交叉补贴和系统备用费。

4.1.1.2　售电公司

2016 年 10 月国家发展改革委和国家能源局印发的《售电企业准入与退出管理办法》和《有序放开配电网业务管理办法》，提到了售电企业准入、退出以及增量配电网业务的管理办法。管理办法中对售电企业成立的要求做了详细的解释，售电企业形式有两种：一种是具有配网运营权的售电企业，另一种是不具有配网运营权的售电企业，针对不同类型的售电企业，管理办法中对其准入条件分别进行了限制。

（1）不具有配网运营权的售电企业。对于不具有配网运营权的售电企业而言，其准入条件规定如图 4-2 所示。准入条件由六个部分组成：①依照《中华人民共和国公司法》登记注册的企业法人。②资产要求。③从业人员。④经营场所和设备。应具有与售电规模相适应的固定经营场所及电力市场技术支持系统需要的信息系统和客户服务平台，能够满足参加市场交易的报价、信息报送、合同签订、客户服务等功能。⑤信用要求。无不良信用记录，并按照规定要求做出信用承诺，确保诚实守信经营。⑥法律、法规规定的其他条件。

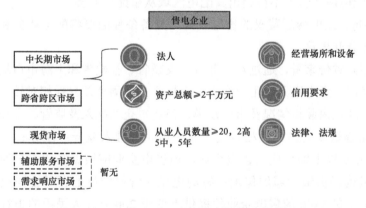

图 4-2　售电公司在不同市场准入条件

（2）具有配电网运营权的售电公司。对于具有配网运营权的售电企业而言，首先，必须满足不具有配网运营权售电企业准入条件；其次，其在享有配网运营权带来的优势之外，还必须承担保底供电等责任，具体规定如图

4-3 所示。

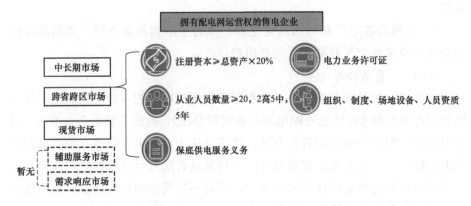

图 4-3　拥有配电网运营权的售电企业在不同市场准入条件

对于该管理办法文件，涉及售电企业购售电交易的有几点较为重要的限定条件，具体如下：

1）售电企业可以自主选择交易机构跨省跨区购电。

2）同一配电区域内可以有多个售电企业，同一售电企业可在省内多个配电区域内售电。

3）同一配电区域内只能有一家公司拥有该配电网运营权，不得跨配电区域从事配电业务。

4）配电网运营者不得超出其配电区域从事配电业务。

5）拥有配电网运营权的售电企业，具备条件的要将配电业务和竞争性售电业务分开核算。

从不同省份来看，通过对江苏省、安徽省、福建省和上海市市场规则对比分析发现，发电准入、用户准入、市场方式和周期差异性相对较小，其主要取决于区域内装机情况及市场规模，但售电企业准入及监管、市场交易上限及剔除容量规定差异性相对较大。售电企业准入差异：江苏省注册资本 2000 万元及以上即可成立售电企业，但售电企业应根据签约用户的电量，向交易机构提供银行履约保函；签约电量（含已中标的存量合同电量，下同）低于 1 亿 kWh 的售电企业须提供不低于 200 万元人民币的银行履约保函；签约电量达到 6 亿 kWh、低于 30 亿 kWh 的售电企业须提供不低于 500 万元人民币的银行履约保函；签约电量不低于 30 亿 kWh 的售电企业须提供不低于 2000 万元人民币的银行履约保函。安徽省和福建省注册资本 2000 万元人民币及以上即可成立售电企业，未对其违约情况制定罚则，售电企业准入门槛相对较低。

4.1.1.3　电力用户

在电力市场放开后,提出"放开两端"的政策建议,在此之前参与直购电的大用户就是电力市场用户的试点应用,但是对于大用户的界定比较严格,而在新一轮电力体制改革之后,不仅对大用户放开,也对其他工商业用户放开。由此,根据用户在市场中的特征,可以将市场用户划分为大用户、工商业用户等。2021 年 10 月,国家发展改革委发布《关于进一步深化燃煤发电上网电价市场化改革的通知》(发改价格〔2021〕1439 号)中指出,要有序推动工商业用户全部进入电力市场,按照市场价格购电,取消工商业目录销售电价。目前尚未进入市场的用户,10kV 及以上的用户要全部进入,其他用户也要尽快进入。对暂未直接从电力市场购电的用户由电网企业代理购电,代理购电价格主要通过场内集中竞价或竞争性招标方式形成,首次向代理用户售电时,至少提前 1 个月通知用户。已参与市场交易、改为电网企业代理购电的用户,其价格按电网企业代理其他用户购电价格的 1.5 倍执行。电力用户在不同市场中的准入要求如图 4-4 所示。

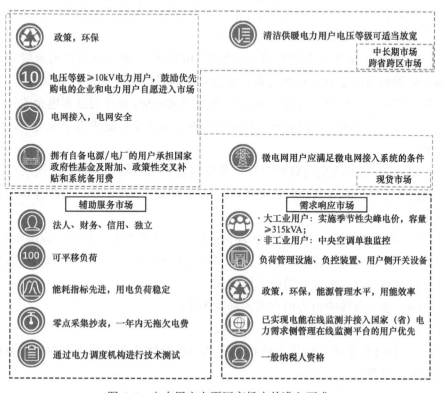

图 4-4　电力用户在不同市场中的准入要求

（1）中长期市场中电力用户准入条件包括：

1）10kV 及以上电压等级电力用户，鼓励优先购电的企业和电力用户自愿进入市场。

2）符合国家和地方产业政策及节能环保要求，落后产能、违规建设和环保不达标、违法排污项目不得参与。

3）拥有自备电源的用户应当按规定承担国家政府性基金及附加、政策性交叉补贴和系统备用费；符合电网接入规范，满足电网安全技术要求。

（2）辅助服务市场中电力用户准入条件：参与电力调峰市场的需求侧响应电力用户的最小用电电力须达到 1 万 kW 以上，且能实时用电信息上传至电力调度机构，并接受电力调度机构的集中统一调度指挥。

（3）需求响应市场中电力用户市场准入条件如下：

1）具有独立省内电力营销户号。

2）工业用户属于当年度市场交易用户，在电力交易平台完成注册，用电容量在 315kVA 及以上。储能设施和非工业用户中央空调原则上应具备单独控制条件。单个工业用户的约定响应能力原则上不低于 500kW，非工业用户的约定响应能力原则上不低于 200kW。

3）原则上单个工业用户响应量低于 1000kW、非工业用户响应量低于 400kW 的由售电企业代理参与需求响应。工业用户响应量大于 1000kW，非工业用户响应量大于 400kW 的可自主参与需求响应，也可通过售电企业代理参与。代理用户参与需求响应与代理用户参与电力交易的售电企业可不是同一家。

4）具备完善的负荷管理设施、负控装置和用户侧开关设备，实现重点用能设备用电信息在线监测，接入调度电力需求侧管理平台，且运行状态良好的电力用户优先。

5）符合国家相关产业政策和环保政策，能源管理水平和用电效率较高，历年来对有序用电工作贡献大，列入当年度有序用电方案的、评为工业领域电力需求侧管理示范企业的电力用户优先。

（4）现货市场中电力用户准入基本条件：

1）符合国家和各省有关准入条件。

2）拥有自备电厂的用户应按规定承担政府性基金以及政策性交叉补贴和系统备用费。

3）微电网用户应满足微电网接入系统的条件。

4.1.1.4 电网企业

随着电力体制改革的不断推进,电网企业的自身定位正在发生着变化。改革后,电网企业不再集电力输送、电力统购统销、调度交易为一体,电网企业主要从事电网投资运行、电力传输配送、负责电网系统安全、保障电网公平无歧视开放,按国家规定履行电力普遍服务义务。电网企业不再以上网和销售电价差作为主要收入来源,按照政府核定的输配电价收取过网费,确保电网企业稳定的收入来源和收益水平。根据文件规定可知,电网企业在未来的业务可以大体分为三类:首先,电网企业最主要的业务会转变为输配电网的运营维护者,负责收取过网费;其次,电网企业作为最大的配网运营权享有者,需要保障非市场用户的用电需求;最后,电网企业可以成立独立的售电企业,参加市场竞价。

随着输配电价改革逐渐完成,电网企业开始面临转型,加上放开电量比例增大,又有一部分电量被纳入市场竞争,对于这一部分电量而言,电网企业在不参与市场竞争的前提下只负责收取过网费,而其他没有参与市场竞争的用户仍旧采用计划交易的方式进行交易。最后,当工商业电量全放开后,80%以上电量将从市场中产生,电网企业负责的计划电用户以农业、居民用电为主,该部分用户由于政策补贴的缘故电价水平较低,电网企业在收取过网费和作为兜底供应商两方面之外,需要参与市场竞争来获取市场电量,扩大业务范围。

上述交易分析都只是建立在不同放开电量比例的基础上,仅从电量角度对电网企业业务进行了概述,但对于市场电量而言,除了总电量水平有所不同之外,还需要考虑不同的销售途径。在市场电量交易中,主要可以分为双边交易和集中交易两种交易途径。而双边交易又可以分为一对多交易、多对一交易、多对多交易等;集中交易又可以分为集中竞价交易、滚动撮合交易、挂牌交易等。

由此,根据放开电量比例不同和市场电量销售渠道不同,对企业的售电业务进行分析,但在分析电量的同时还需要考虑电价的问题,具体如图4-5所示。

从图4-5中可以看出,随着放开比例的增大,电力市场逐步向多元化发展。最初,在计划市场中,电价主要包括供给侧的标杆电价和需求侧的目录电价,而不考虑输配电价,相当于电网企业收取购售价差。随着电力市场放开,电力交易市场形成,未放开的电量部分仍采用标杆电价和目录电价,市场化电价主要包括双边协商电价和集中交易电价,而集中交易电价又可以分为集中竞价交易电价、滚动撮合交易电价、挂牌交易电价等，同时，这部分电量都需要向电网企业缴纳过网费，涉及电价主要是输配电价，但是还需要考虑配网运营权的归属，对于具有电网运营权的售电企业，只需要缴纳输电网费，而其他售电企业需缴纳输电网费和配电网费。最后，随着现货市场的开展，更多关注的是电力的边际价格，现货市场电价与市场供需息息相关，供大于求时边际价格低，供小于求时边际价格高。

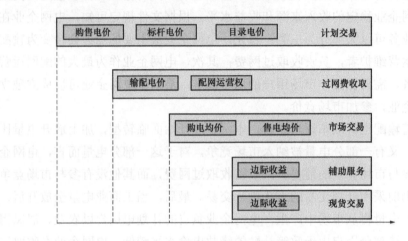

图 4-5 不同电力市场中电价影响情况

4.1.2 国外电力市场准入现状分析

4.1.2.1 辅助服务市场

国外电力市场辅助服务可分为基本服务和有偿服务两类。其中基本服务是发电企业和用户参与电力市场的基本条件之一。有偿服务是市场主体可以通过市场竞争，获取一定的收益的服务品种。①基本服务：为保证系统安全稳定运行，发电机组必须提供规定范围内的辅助服务能力才能接入电网，如一次调频、基本调峰和基本无功调节等。在一些欧洲国家，发电机组需提供一定范围的一次调频备用容量。②有偿服务：除基本服务外，发电企业可以通过提供一些电网需要的服务而获取相应的利润。主要包括调频、调峰、备用、无功调节、用户侧辅助服务品种等。这些辅助服务品种按参与市场的方式，分为长期合约方式和集中竞价方式两种。无功调节、黑启动、事故紧急备用等辅助服务品种，基本采用长期合约方式进行采购。电网运行机构根据需要，采用双边协商或统一招标方式确定辅助服务提供者，合同期限包括年度、季度、月度等。如英国黑启动服务由电网运行机构与辅助服务提供者签订长期双边合约，无功调节每半年组织一次统一招标采购。集中竞价方式适用于调频、旋转备用等需求随时间变化的辅助服务品种，由电网运行机构通过短期集中竞价方式采购。这一类辅助服务需求随系统供需而不断发生变化，价格波动较大，中长期合同不能细化辅助服务提供的效果，采用短时或实时集中竞价方式，更能发现价格，引导市场投资，提高市场效率。

由于调峰、调频、备用等辅助服务与电能量具有一定耦合性，电力辅助服务市场建设需考虑其与电能量市场的关系。目前，国内虽部分地区开展辅助服务市场化探索，但大部分省份多采用统一管理方式；国外的市场模式主要分为电力辅助服务独立交易和联合优化等两种方式。统一管理方式为电网调度机构根据"两个细则"统一协调安排，并根据各参与者对辅助服务命令执行情况进行奖惩的管理方式。独立交易方式常见于欧洲市场的分散式电力市场，指电力辅助服务市场与电能量市场相互独立运行。以调频为例，调频市场的出清与电能量市场解耦，系统先进行调频服务的公开招标；中标后，需预留出相应的容量，剩余容量参与电能量市场交易。这种方式规则简单易懂，操作方便，便于快速开展，能够预留出机组辅助服务的能力，保障电力系统安全稳定运行。联合优化方式常见于美国、澳大利亚等集中式电力市场，辅助服务市场与电能量市场联合出清。这种方式的核心思想是考虑辅助服务和电能量之间存在部分可替代关系，在充分考虑两者的可替代性的前提下，将辅助服务产品和电能量市场产品进行联合出清，对两者进行统一管理，确保电力市场综合购买辅助服务与电能量的费用最小。这种方式理论经济性更高，但设计较为复杂，需要统筹考虑的因素较多，对市场主体素质要求较高，适用于较为成熟的电力市场。

4.1.2.2　需求响应市场

（1）日本。日本是一个能源十分短缺的国家，能源充分利用需求迫切。在日本国内，主要是由经济产业省根据国家总体状况，制定并完善相关法规、条例、政策，对节能提出要求和奖惩措施，同时加强对重点用能单位的管理，规定了各类用电单位的节能目标、合理使用能源的判断依据，实行能源管理师制度以加强用能单位节能管理。日本在 2014 年年底根据国际标准规格 OpenADR2.0（Open Automated Demand Response 2.0）实施自动需求响应试验，当电力供应紧张时，系统会自动向用户发出节电要求信号，家庭、企业等用户接收信号，自动使用能源管理系统控制用电量，同时对用电结果进行报告。

日本在实施需求响应过程中，依赖 OpenADR 开展系统建设，参与用户以居民和商业用户为主。日本依托京阪奈（京都府）、横滨智慧城市建设，将需求响应技术与其他系统融合，实现供需互动、削峰填谷和高效用能的目标。以商业设施、工厂、集合住宅和独立住宅为对象，安装太阳能发电系统、家庭能源管理系统和区域能源管理系统，向需求方提示引导节电的电价方案和奖励措施，实施了需求响应实验，使削峰等接近计划值的 DR 运行精度也得到提高。采用尖峰电价手法，实现最大削峰 15.2%；通过面向楼群的需求响应，实现削峰 20%；通过智能楼宇能管系统、工厂能管系统，实现削峰约 30%。此外，还研究并实证了电动汽车充放电环境下的 DR，通过改善汽车导航的 DR 请求画面来提高削峰率，从电动汽车充电管理系统向 EV 用户发出削峰和移峰的需求。

（2）欧洲。英国对于电力需求响应也有独特的做法，近年来已经有许多需求响应项目实施。对于工商业大用户，可以与电力供应方签署分时电价或者中断负荷协议；电力供应方也可以控制这些大用户负荷，保证电力系统可靠运行。其中，英国的 Flextricity 公司就以电力供需控制为核心业务，将有弹性的负荷削减资源销售给市场。其聚合的资源主要包括小型发电机、备用电源和大型工商业用户，可提前根据用户具体情况签订合同，并协商补偿价格。该公司对用户侧提供设备安装维护等投资，并对负荷进行直接控制。

北欧国家芬兰是一个能源相对匮乏的国家。因此，芬兰对宝贵的能源开展了全方位集约化经营，积极实施需求响应。芬兰自 1964 年开始实施分时电价。分时电价机制对于降低日负荷峰值起到了积极作用，缓解了电力供应的压力。芬兰已经立法规定电力公司必须采用分时电价，并设计了专用计量系统。从 2014 年开始，芬兰几乎所有实现电力需求响应的用户电价都采用了分时电价。

法国也是主要利用分时电价来组织需求侧资源参与电力市场。以一个名为 Tempo 的需求响应项目为例，有超过 1000 万电力用户参加这一项目。此项目将全年分成蓝色日、白色日和红色日 3 种电价，每天又分峰荷与非峰荷两种电价。有一家 Voltails 公司的业务就是负责聚合削减用户资源参与电力市场平衡，免费提供智能量测及监控设备的安装，并对智能负荷进行遥控。该公司将削减的负荷出售给市场中负责系统电量平衡的相关方，并对用户提供平衡服务的效果进行评估。

（3）美国。美国是较早实施电力市场需求响应的国家之一，操作经验丰富。以美国东北部的新英格兰地区为例，此地区的电力系统运行机构实施的需求响应计划一般分两类：负荷响应计划和价格响应计划。一般要求需求响应计划参与者减少的负荷量不得少于 100kW，但不能多于 5MW。对不能减少 100kW 但仍想参加响应计划的用户，可以通过负荷聚合商进行聚合，聚合后的负荷总量需要超过 100kW。参与负荷响应计划的用户根据电力系统运行机构指令减少电力需求负荷，减少负荷的用户可以获得到相应的补偿。作为典型能源管理公司，EnerNOC 公司的主要业务是电能管理，通过网络中心对工商业用户的电力负荷进行远距离管理，根据用户类型及用户弹性来分别制定削减合同，并向输电系统运营商销售需求响应资源。其主要聚合的电力资源类型是 1GW 以上的大用户，通过能量管理系统直接控制用户，属于直接负荷控制类型。

以美国 PJM（pennsylvania-new jersey-maryland，PJM）市场为例作为北美最重要的区域输电组织（RTO）和独立系统运营商（ISO）之一，PJM 开展需求响应项目已有 20 余年。需求响应早期指 PJM 电网内的配电公司在紧急情况下的负荷削减，后来需求响应逐步发展成为配电公司的容量资源，而近年来需求响应资源已经参与 PJM 主能量市场、容量市场和辅助服务市场，并同其他发电资源处于公平竞争的地位。PJM 需求响应市场参与者主要包括负荷服务实体（Load Serving Entities，LSE）、削减服务提供商（Curtailment Service Providers，CSP）、配电公司（Electric Distribution Company，EDC）和终端用户（End Use Customer，EUC）。

出于对量测、控制技术的考虑，PJM 区域内 DR 资源提供者的角色只能由负荷削减服务提供商或 PJM 成员用户（通常为大用户）担任。小型的终端用户如果不是 PJM 的注册成员，只能通过 CSP 间接参与到 PJM 需求响应项目中。CSP 可以是专门从事需求响应的第三方机构，也可以是地方电力企业（如负荷服务商和配电公司）、提供能源管理服务的企业或其他任何具备相应运行设施、行政资质和信用良好的企业。

4.1.2.3　国外售电企业市场准入

相对大型发电、输电公司，售电企业准入相对简单，但是也需要满足准入规则。各国售电企业准入规则存在差异，但均涉及资产、技术、管理、风险管理等方面。

售电企业市场准入条件包括以下几个方面：

（1）资产要求。售电企业需要确保有足够财力支持电力零售业务。根据售电企业参与市场交易时间长短，美国加州电力市场对售电企业资产要求如下：

1）参与电力市场交易时间少于6个月的售电企业，需要拥有50万美元的资产。

2）参与电力市场交易6个月或更长时间的售电企业，需要拥有至少10万美元的资产。

3）售电企业资产，不得少于其电力零售市场估计协议总额。

（2）技术与管理要求。澳大利亚电力市场规定：申请进入零售市场的实体，必须具有相应技术与组织能力，能够服务能源行业，具体包括：

1）专业技术能力。为保证服务质量，售电企业必须聘用足够多的专业人员，定期培训以确保员工获得足够工作经验。

2）组织能力。申请零售业务的售电企业，需提供组织结构、业务单位、管理人员，以及之前参与市场交易的相关信息，以证明其组织能力。

（3）风险管理政策。加州电力市场规定，申请零售业务的售电企业，需提交市场交易风险管控政策，具体包括风险管理框架、涉及市场交易范围、专业人员配备与培训、市场交易执行情况，以及风险控制限额等信息。在澳大利亚电力市场，监管部门规定售电企业的风险管理政策，还应包括运营与财务风险。

在澳大利亚电力市场中，售电企业申请流程如下：

（1）通过邮件向监管部门提出申请。

（2）监管部门确认申请，开展公众咨询。

（3）监管部门评估售电企业资质，对满足标准的售电企业授权进入电力零售市场。

英国售电企业的申请流程如下：

（1）售电企业填写申请。

（2）监管部门确认申请并公示。

（3）监管部门进行分级申请。从第1级开始，资质合格的售电企业获得进入零售市场的授权；未满足条件的售电企业，需提供更多信息，以进入下一级申请。

申请进入电力零售市场的售电企业，需要提供相关资质证明材料以证明其运营资质。

（1）美国得克萨斯州电力市场监管部门规定，售电企业需要提供如下资料：

1）公司高管在能源行业工作经验。

2）10年内公司法人被投诉历史与违法记录。

3）5 年内公司法人公司破产、合并或收购记录。

（2）澳大利亚市场监管部门对售电企业需要提供信息如下：

1）公司高管能源行业工作经验。

2）售电企业业务计划。

3）售电企业组织结构与人员配备。

4）售电企业 12 个月内财务报告。

5）10 年内公司法人违法记录及在其他行业被吊销许可授权。

对已获授权进入零售市场的售电企业，监管部门对其进行资质审查，以确保授权有效性。加州电力市场资质审查可以分为以下两类：

（1）定期审查。监管部门在每季度随机抽取 10% 的售电企业进行审查，后者需要提供风险管理政策、财务报告及与市场交易结算相关的文件。在财务状况没有出现重大变化的情况下，审查合格的售电企业，在 2 年内不会再次被抽检。

（2）不定期审查。市场监管部门有权在任何时候对售电企业进行资质审查。风险因素主要包括售电企业的市场交易规模与未平仓量。接受资质审查的售电企业，必须在规定时限内回复监管部门的审查要求并提供所需信息，否则监管部门有权要求售电企业退出电力零售市场。

考虑到撤销售电企业资质会对用户与其他第三方造成不良影响，只有在售电企业严重违反市场运营规定的情况下，监管部门才会撤销其运营资质。

美国得克萨斯州电力市场认定违规行为包括：

（1）向监管部门提供虚假信息，或没有按要求公布公司信息。

（2）向用户收取未经授权的费用。

（3）无法提供持续可靠电能供应。

（4）破产、无法履行财务义务，或不能满足资产要求。

（5）参与欺诈、误导、不公平的市场行为或非法歧视。

（6）未能及时回应用户投诉或监管部门审查要求。

（7）在未获授权资质区域，提供电力供应服务。

关于撤销售电企业资质流程，澳大利亚市场的规定如下：

（1）监管部门向售电企业发布书面通知，告知撤销资质原因。

（2）售电企业必须在规定工作日内回应保留资质理由，说明如何解决撤销通知中问题。

（3）监管部门根据回应决定是否撤其资质，并最终公布撤销资质的售电企业信息。

4.2 虚拟电厂多层次准入标准体系

4.2.1 虚拟电厂多层次准入体系概述

电力市场的多层次准入体系从逻辑上可划分为物理层、信息层和价值层三个层次，通过信息能源深度融合的全息系统、完全信息下资源的优化配置、市场经济引导的能源互通互联，实现能源互联网能源、信息、价值多元的深度耦合。

完善的电力市场建设是三个层次融合、共同发挥作用的结果。物理层由实体的基础电力设施构成，包括发电厂、电动汽车充电站、负荷等，物理层以电为核心，集成冷、热、气等能源，以多能互联增强系统融合性和灵活性；信息层是由各种数据库、数据分析终端组成的，信息层和物理层融合度较高，借助信息化手段，增加系统协调性，实现对电力系统的全景感知和数据化管控；价值层作为统领，以物理层和信息层作为支撑，协调所有的信息交互和能量传递，以市场引导系统可持续发展、机制设计等。针对虚拟电厂参与电力市场物理层、信息层和价值层三个层次可以更准确地分别描述为市场主体的可调控性能、满足交易要求的分时计量与数据传输性能、聚合商与终端用户的委托代理关系等，如图4-6所示。

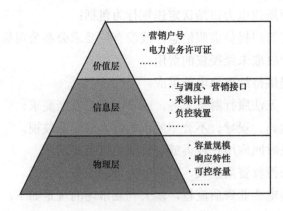

图 4-6　市场多层次准入体系

各层次准入要求如下所示。

物理层：应依据容量规模、响应特性、响应时长、响应速度、响应性能等技术指标制定具体的市场准入要求，各地可结合虚拟电厂发展以及电力系统运行情况，制定针对性的市场准入要求。

信息层：应满足电网接入要求，具备执行市场出清结果的能力，可实现电力、电量数据分时计量采集与实时上传，数据准确性与可靠性应满足市场运营机构的有关要求。与调度机构签订并网协议的新型储能，除满足上述要求以外，还需具备应向调度机构实时准确传送现货及辅助服务市场运行数据、接受和分解调度指令、电力（电量）计量、清分结算等有关技术能力。

价值层：市场主体以聚合模式参与电力市场，虚拟电厂运营商除自身满足市场准入要求外，还应与代理市场主体签订代理协议，按照公平合理的原则与其代理的市场主体分配市场收益。

4.2.2　物理层

以能源资源与能源需求的原始分布形态为出发点，通过电、热、水、油气、运输的互通转换网络建设，在物理层实现能量的互通互联，形成多种能量流的广义能量供需平衡。物理层设计如图 4-7 所示。

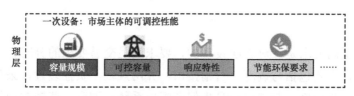

图 4-7　物理层设计

物理层是针对一次设备来说的，是指市场主体的可调控性能。具体来说，包括虚拟电厂的容量规模、可控容量、响应特性、节能环保要求等。对发电企业来说，容量规模一般是机组额定功率，是电站建设规模和电力生产能力的主要指标之一，举例来说，《山东电力辅助服务市场运营规则（试行）》第十条提到的"火电机组参与范围为单机容量 10 万千瓦及以上的燃煤、燃气、垃圾、生物质发电机组"就是对容量规模的要求。可控容量指虚拟电厂聚合需求侧资源后能够控制输出的容量范围，《广州市虚拟电厂实施细则》要求负荷聚合商的总响应能力不低于 2000kW，同时参与实时响应的负荷聚合商须具备完善的电能在线监测与运行管理系统、分钟级负荷监控能力。响应特性是指用户根据收到的价格信号，相应地调整电力需求所需要的响应时间和所具有的响应能力，通常在需求响应的相关文件里出现，比如《江苏省电力需求响应实施细则（试行）》中指出的"单个工业用户的约定响应能力不高于年

度有序用电方案调控容量，原则上不低于 500 千瓦，单个非工业用户的约定
响应能力原则上不低于 200 千瓦"。节能环保要求是根据国家标准或本省环
保政策对发电企业在节能、节水、排污等方面做出的要求，例如《河北省电
力直接交易实施方案（试行）》对发电企业准入提出的条件："环保设施已正
常投运，符合国家环保要求和河北省超低排放标准，相关环保设施在线监控
信息已接入电力调度机构。"

4.2.3 信息层

构建信息能量深度融合的全信息系统，在信息层构建能源大数据平
台，实现对整个多能源网络所有物理节点的数字镜像。信息层设计如图 4-8
所示。

图 4-8　信息层设计

信息层的要求是针对二次设备的，要求满足交易要求的分时计量与数据
传送性能，主要包括与调度、营销接口，并网规范，负控装置，采集计量。
具体来说，与调度、营销接口是指保证配电系统与调度、营销部门的系统能
够进行数据交换的程序。例如《江苏省电力需求响应实施细则（试行）》在用
户申请条件中提到的"已实现电能在线监测并接入国家（省）电力需求侧管
理在线监测平台的用户优先"。并网规范是指发电机组的输电线路与输电网接
通的规范，例如《江苏省分布式发电市场化交易规则（试行）》第十一条提到
的"（三）符合电网接入规范，满足电网安全技术要求；（四）微电网用户应
满足微电网接入系统的条件"。负控装置是指电力负荷控制装置，可对分散在
供电区内众多的用户的用电进行管理，适时拉合用户中部分用电设备的供电
开关或为用户提供供电信息，例如鲁能源电力字〔2019〕176 号《关于开展
2019 年电力需求响应工作的通知》对电力用户的要求："具备完善的负荷管
理设施、负控装置和用户侧开关设备，实现重点用能设备用电信息在线监
测。"采集计量是指采集用户发用电数据信息，了解用电习惯、用电量变化
规律，例如《江苏省分布式发电市场化交易规则（试行）》第七条要求"具备
零点采集抄表条件"。

4.2.4　价值层

价值层是基于信息层之上反映市场主体之间的经济关系，将实现基于能源大数据的运行调度、市场交易等各种业务。通过信息的双向流动，经济层所制定的调控指令、交易结果，通过信息层反馈到能源层，实现资源的优化配置，对能量层中多能系统的互通互联起发挥引导作用。价值层设计如图 4-9 所示。

图 4-9　价值层设计

价值层的要求可以看作一种经济关系，具体是指虚拟电厂运营商与终端用户的委托代理关系，包括营销户号、电力业务许可证、代理协议、机制传导等。营销户号是指进行电力营销业务的用户进行注册时生成的本主体的唯一识别码，是常规要求，例如鲁能源电力字〔2019〕176 号《关于开展 2019 年电力需求响应工作的通知》要求"同一市场主体（含售电企业）具有多个电力营销户号，该市场主体（含售电企业）应上报一个补偿基准价格"。中国境内从事发电、输电、配电和售电业务，应当按照《电力业务许可证管理规定》的条件、方式取得电力业务许可证，这也是一个常规的要求，是基本的准入门槛。《电力中长期交易基本规则（暂行）》第十四条规定"依法取得核准和备案文件，取得电力业务许可证（发电类）"。代理协议是也称代理合同，它是用以明确委托人和代理人之间权利与义务的法律文件，近年来随着聚合商的兴起，代理协议也随之成为常规的要求，例如鲁发改能源〔2020〕836 号关于印发《2020 全省电力需求响应工作方案》的通知规定"原则上单个工业用户响应量低于 1000 千瓦、非工业用户响应量低于 400 千瓦的由负荷聚合商代理参与需求响应"。机制传导是指有机体之间相互影响、带来变化，例如虚拟电厂参与电力市场所获得的收益在参与虚拟电厂的各类主体之间的利益分配关系，具体可见《电力中长期交易基本规则（暂行）》补贴核发的规定："负荷集成商视为单个用户参与响应并领取补贴，负荷集成商与电力用户分享比例由双方自行协商确定。"

4.3 虚拟电厂"*N+X*"多级准入机制

随着电力市场交易品种不断丰富，批发侧呈现多品种交易，多类型市场，例如需求响应、辅助服务、常规电能量交易、分时段交易等。不同市场准入条件不同，虚拟电厂在参与不同类型市场交易时，需满足不同的准入条件。成熟期市场准入机制可以概括为"*N+X*"模式，如图4-10所示。其中*N*代表*N*条通用准入条件，是一般需满足的电力市场运营规则基本准入条件。*X*代表专用准入条件，针对不同市场特点设置专门准入条件，分别用X_1、X_2、X_3等依次表示。以售电企业为例阐述这一模式：在成熟期售电企业市场准入机制中涉及需求响应、辅助服务、常规电能量交易、分时段交易，除常规电能量交易准入条件可以用*N*即通用准入条件表示之外，其他交易模式分别有专用准入条件。辅助服务市场准入条件X_1包括如下内容：具备分时用电数据采集、负荷具有灵活可调性、具备接收信息终端设备、其他满足辅助服务要求的条件；需求响应市场准入条件X_2包括如下内容：具备分时用电数据采集、负荷具有灵活可调性、具备接收信息终端设备、其他满足需求响应要求的条件；分时段交易准入条件X_3包含如下内容：具备分时用电数据采集、负荷具有灵活可调性、其他满足分时交易要求的条件。总的来说，条件*N*是基础条件，是所有市场准入必备条件；条件*X*是专用准入条件，尽管X_1、X_2、X_3之间并非完全相同，但具备一定的相似性。

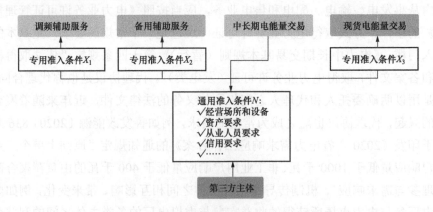

图4-10 成熟期虚拟电厂市场准入的"*N+X*"模式

在成熟期虚拟电厂聚合资源参与中长期、现货、辅助服务、容量市场等不同品种交易，准入条件可依据技术指标、经济关系和具备的能力来设定。

（1）参与中长期市场。中长期市场的准入要求也是基本准入要求。由于"电力产消者"的双重属性，虚拟电厂需同时满足发电企业和售电公司的基本准入条件，包括财务、信用、协议签订等。而技术方面，虚拟电厂需具备智能表计，其所聚合的各类分散可调资源主体需要具备精确的电力曲线记录功能，或虚拟电厂本身关口需具备以上条件；虚拟电厂还需要具备双向通信功能，能够向交易平台提交申报信息、接收交易平台或调度平台下发的市场交易信息和调度指令信息。

（2）参与现货市场。虚拟电厂首先需要满足基本准入条件，此外在技术上需要满足调节速率、分时计量等具体要；在容量上所聚合的各类分布式电源的有效容量/负荷的有效调节容量之和满足市场对主体的最低要求；从通信上需要具备参与现货市场申报的双向通信条件，接入相应的市场平台。

（3）参与辅助服务市场。虚拟电厂首先需要满足基本准入条件，其次根据调峰、调频、备用等不同辅助服务交易品种在响应速度、调节速率、响应时间、响应时长等方面不同的技术要求，对虚拟电厂提出不同的准入条件。

参与调峰市场的虚拟电厂需要满足调节速率和调节容量的要求，同时接入资源具备的可观、可测、可控能力。如针对调峰市场，可要求虚拟电厂聚合各类分布式能源资源后的有效容量不少于 5MW，且灵活调节能力不低于 1MW，响应速度在 15min 以上，响应持续时长在 1h 以上。调频市场对主体的调节精度要求更高，因此参与调频市场的虚拟电厂在性能上需满足更高要求。

（4）参与容量市场。在满足基本准入条件的基础上，应按照统一的容量市场准入要求，综合出力特性、资源结构、调节能力、停机概率等多方面因素，对虚拟电厂开展有效容量核定，以反映虚拟电厂对电力系统容量的实际贡献。

第 5 章

面向零售市场的虚拟电厂
增值服务

本章研究了典型工业用户、一般工商业用户及居民用户的典型日负荷曲线和负荷特性指标，定量分析了虚拟电厂内部聚合用户的负荷特性和负荷规律，形成了考虑用户不同维度负荷特性的能源增值服务体系；其次，分析了能源增值服务体系中的需求响应机制，提出了给予需求价格弹性的需求响应模型；接着，提出了考虑需求响应的零售套餐模式，分析电力零售商收益的影响因素，提出面向需求响应的零售套餐定价模型。

5.1　考虑用户负荷特性的增值服务

5.1.1　用户负荷特性研究

电力系统在长期运行中，往往存在用电高峰集中、日负荷峰谷差持续增大等系统问题，造成电能的整体使用率较低，电力供需关系失衡。仅通过增加发电侧装机容量，不仅不利于提高机组运行效率，还会导致发电侧投资过高等问题。因此，必须构建源荷两侧友好互动的条件，通过有效调节用户的用电时段和用电负荷，进而形成源荷互动的良好格局。

目前一般通过实施需求响应转移用电高峰期负荷。然而在聚合用户参与需求响应前，虚拟电厂需要对用户的负荷种类进行有效划分，通过调研数据拟合不同用户的典型负荷曲线，分析用户的用电行为模式，将用户进行一定的分类，从而为虚拟电厂的聚合时间、聚合数量、聚合激励价格制定等提供充分条件，进一步对用户负荷进行规划管理。因此，用户负荷特性的研究在电力系统中至关重要，不仅可以为适用于用户的能源增值服务提供研究基础，还是虚拟电厂聚合用户参与多种市场交易模式的重要前提。

5.1.1.1　电力负荷特性指标分析

负荷特性指标分析是指通过对负荷的一定指标进行分析计算，来描述用户在不同周期内负荷的变动与发展规律，一方面可用来动态地对电力系统的运行状态做出评价，另一方面能够进一步挖掘用户侧的需求响应潜力和用能潜力，便于根据用户特性制定差异化的能源增值服务。

（1）用户短期负荷特性分析指标。

1）日平均负荷。日平均负荷是指单一用户日用能量除以 24 或者每日所有负荷点的平均值。其计算公式为：

$$P_{d.av} = \frac{E_d}{24} \qquad (5-1)$$

式中：$P_{d.av}$ 为单一用户日平均负荷；E_d 为月用电量。

2）日负荷率。日负荷率是指日负荷平均值与峰值的比值，用来描述用户典型日内负荷分布的均衡情况。一般连续性工业用户的日负荷率会偏高，表示用电较为稳定，有利于电力系统运行。日负荷率计算公式为：

$$Y_d = P_{d.av} / P_{d.max} \qquad (5-2)$$

式中：Y_d 为单一用户日负荷率；$P_{d.max}$ 为单一用户日负荷峰值。

日负荷率受到多种因素的影响，包括用户的类别、用户生产班次、用户负荷的组成部分、各类用电占用户负荷的比例等。日负荷率会随着用户用电优化、工艺升级等行为发生变化，主管部门制定错峰限电、分时电价等举措一定程度上依赖于对用户日负荷率的调研。

3）日负荷峰谷差。日负荷峰谷差是指单一用户日内峰值负荷与谷值负荷的差值，它直接影响电力系统的调峰能力，为电源的规划、调峰项目的实施提供必要的数据基础。日负荷峰谷差计算公式为：

$$P_{d-} = P_{d.max} - P_{d.min} \qquad (5-3)$$

式中：P_{d-} 为单一用户日负荷峰谷差；$P_{d.min}$ 为单一用户日负荷谷值。

4）日负荷标准差。日负荷标准差是指单一用户日负荷数据偏离日负荷平均值的距离（离均差）的平均数，其计算公式为：

$$\sigma_d = \frac{\sum_{1}^{m}(P_{d.m} - P_{d.adv})}{m} \qquad (5-4)$$

式中：m 为单一用户日负荷数据数量；σ_d 为单一用户日负荷标准差；$P_{d.m}$ 为

m 个日负荷数据的数值。

5）日负荷波动率。日负荷波动率用于描述单一用户平均日负荷的负荷分散程度，其计算公式为：

$$s_{d} = \frac{\sigma_{d}}{P_{d.adv}}$$ （5-5）

式中：s_{d} 为单一用户日负荷波动率。

日负荷波动率代表了典型日内负荷曲线的波动性，日负荷波动率越大，说明供用电平稳性越不佳。

（2）用户中长期负荷特性分析指标。

1）月平均日负荷。月平均日负荷指每月日平均负荷的平均值，其计算公式为：

$$P_{m.av} = \text{average}(P_{d.av})$$ （5-6）

式中：$P_{m.av}$ 为用户月平均负荷。

2）年、季、月负荷率。

年负荷率指年平均负荷与年最大负荷的比值，其与不同产业的用电结构变化相关，其计算公式为：

$$Y_{y} = \frac{P_{y.adv}}{P_{y.max}} = \bar{\gamma} \times \bar{\sigma} \times Y_{s}$$ （5-7）

式中：Y_{y} 为单一用户年负荷率；$P_{y.adv}$ 为单一用户年平均负荷；$P_{y.max}$ 为单一用户年最大负荷；$\bar{\gamma}$ 为单一用户年平均日负荷率；$\bar{\sigma}$ 为单一用户年平均月负荷率；Y_{s} 为单一用户季负荷率。

季负荷率，也可以被称为季不平衡系数，是指年内每月负荷的峰值之和与年内峰值负荷的比值，其计算公式为：

$$Y_{s} = \frac{\sum_{m=1}^{12} P_{d.max}^{(m)}}{12 P_{y.max}}$$ （5-8）

式中：$P_{d.max}^{(m)}$ 为单一用户 m 月最大负荷日的最大负荷；$P_{y.max}$ 为单一用户年最大负荷。

季负荷率可以体现用户的季节性负荷规律，包括用电设备等的季节转换等。

月负荷率是指月内电量分布的均衡情况，它主要受用户短周期负荷变动规律、季节因素、工作日等的影响，其计算公式为：

$$Y_{m} = \frac{P_{m.av}}{\max(P_{d.av})}$$ （5-9）

式中：$\varUpsilon_m$ 为单一用户月负荷率；$P_{m.av}$ 为单一用户月平均负荷。

3）年最大负荷利用小时数。年最大负荷利用小时数与各产业用电所占的比重有关，其计算公式为：

$$T = 8760 \times \varUpsilon_y \qquad (5\text{-}10)$$

式中：T 为年最大负荷利用小时数。

若地区工业产业用电占比较大，则该地区年最大负荷利用小时数一般较高；若地区居民及第三产业用电占比较大，则该地区年最大负荷利用小时数一般较小。

4）年、月负荷最大峰谷差。

年负荷最大峰谷差计算公式为：

$$P_{y-} = \max(P_{d.max} - P_{d.min}) \qquad d \in y \qquad (5\text{-}11)$$

式中：P_{y-} 为单一用户年负荷最大峰谷差。

月负荷最大峰谷差计算公式为：

$$P_{m-} = \max(P_{d.max} - P_{d.min}) \qquad d \in m \qquad (5\text{-}12)$$

式中：P_{m-} 为单一用户月负荷最大峰谷差。

5.1.1.2　工业用户负荷特性分析

工业是全国资源能源消耗量最大的行业。在高用能数据基础上，工业领域内的响应资源量占据了需求响应市场的大半份额。据统计，需求响应市场内工商业负荷的削减量占全部削减量的 65%～75%。随着需求响应政策的不断完善和市场的逐步推进，可进一步挖掘工业用户的需求响应潜力。我国工业行业领域内，主要集中了机械制造、钢铁、煤炭、铝、石油、建筑等多种行业。鉴于工业行业的生产场景不同，其生产设备和工艺流程也存在一定的差别，因此具有差异化的用电特性。本节选取我国的五类工业行业，对其负荷特性进行分析。

（1）钢铁行业负荷特性。钢铁行业属于高耗能行业，占区域电网供电量比重较大。鉴于钢铁生产工艺流程的需求，钢铁企业日用电负荷曲线往往存在较大的短时冲击负荷，对电网可靠性要求较高。同时，钢铁企业作为大工业企业，往往采用倒班连续生产的模式，因此其用电负荷曲线是追随企业工人的倒班作息时间而变化的，相邻日之间并不完全相同，仅体现冲击性波动的特征。此外，由于钢铁企业的连续性倒班生产方式，其负荷变化是跟随生产工艺进行过程而变化的，并没有呈现工作日内周期性波动的特性。钢铁行业典型月负荷曲线如图 5-1 所示。

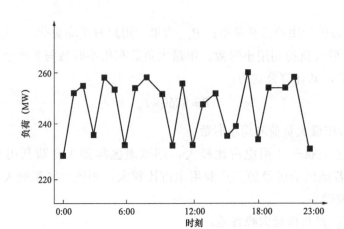

图 5-1　钢铁行业典型日负荷曲线

　　基于钢铁行业的用电负荷特性，其可以通过调整个别生产环节的工作时间，将其集中至平时段和低谷时段运行，或是通过节能的方式削减高峰时段的用电负荷，进而参与需求响应市场。

　　（2）有色金属行业负荷特性。有色金属行业的耗能高，要求的供电电压等级也较高。由于有色金属主要依赖以电力为主要能源的工艺设备生产，所以其消耗电能在全部能源中占比较高，生产成本中电费支出占比也较高。有色金属成本组成具有特殊性，对电价的变动较为敏感，但有色金属工厂实行 24h 连续生产制度，生产设备长期处于不间断运行的状态，整体用能场景对电能的可靠性要求很高，用电曲线保持平稳趋势，一般没有较大幅度的波动。因此有色金属行业一般不列入需求响应项目的响应资源池。有色金属行业典型日负荷曲线如图 5-2 所示。

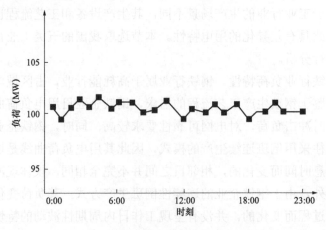

图 5-2　有色金属行业典型日负荷曲线

（3）水泥行业负荷特性。水泥作为建材行业内耗能最高的产业，与建材行业内玻璃、陶瓷等生产特性相仿，负荷曲线相似，可以用以描述建材行业的负荷通性。水泥行业与有色金属行业相仿，都采用连续生产的作业方式。其生产设备长期保持运转，使其在负荷率高的同时用电曲线波动较小。由于水泥企业用能场景中二级负荷占比较大，因此水泥行业对于供电可靠性的要求很高，生产运行计划一般都需要提前安排。通过对水泥生产中的典型用能场景、基本工艺流程、成本组成情况进行分析，可知水泥产业的固定成本中电费支出占三成以上，且具有 57% 的可中断负荷。因此，水泥产业具有很高的需求响应潜力待挖掘，通过电价信号引导或是经济激励的方式，可以促使水泥生产企业转移可调节负荷或是通过节能方式削减高峰期用电负荷。水泥行业的典型日负荷曲线如图 5-3 所示。

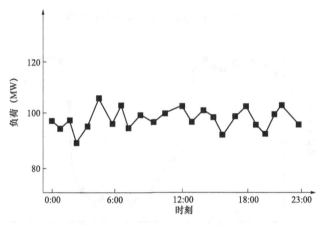

图 5-3　水泥行业典型日负荷曲线

（4）机械制造行业负荷特性。机械制造行业是国民经济生产技术装备的基础工业，其一般生产形式为非连续作业，生产设备跟随生产班次运行。因其作业时段符合制造业工人的生产习惯，因此在全天形成三个高峰点，峰谷特征较为明显。日内机械制造行业峰谷差率较大，负荷波动性强。因此，通过对机械制造业实施需求侧管理等措施，可以有效地进行日用电的移峰填谷，挖掘其可调节负荷能力。机械制造行业典型日负荷曲线如图 5-4 所示。

（5）化工制品行业负荷特性。化工制品行业也属于高耗能产业，采用非连续作业的工作形式，因此全天用电负荷较为集中。不同于其他制造业的是，化工制品行业一般采取避峰生产的方式，其用电高峰期出现在凌晨和夜间，且峰时用电负荷较为稳定，波动性小。在白天，化工制品由于其行业特性，仅保留一部分基本负荷，因此大大减轻了电力系统高峰时段的压力。化工制品行业典型日负荷曲线如图 5-5 所示。

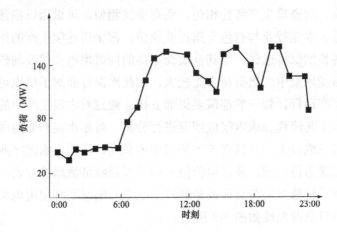

图 5-4　机械制造行业典型日负荷曲线

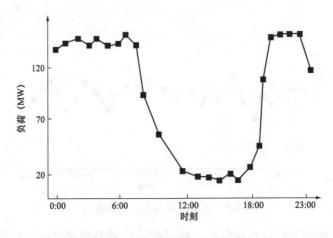

图 5-5　化工制品行业典型日负荷曲线

以上主要列举了五类典型工业行业的生产方式和负荷特征，其中钢铁、金属、水泥属于连续生产工业，机械制造和化工制品属于非连续生产工业。五类典型工业行业均有明显的生产特征和负荷特性，例如钢铁行业典型日负荷曲线常有冲击负荷，金属行业则存在可中断负荷资源，化工制品行业则采用避峰型生产模式。尽管拥有相似的生产组织方式，但由于行业的生产运行设备和行为模式不同，其负荷特性差别较大。因此，要研究适用于工业行业的能源增值服务，需细化用户种群和负荷特性研究。此外，对于本节未详尽分析的其他工业行业的负荷特性和典型工业行业的负荷指标值，列举于表 5-1 和表 5-2。

表 5-1　　　　　　　　　　部分工业行业用户负荷特性

工业行业	负 荷 特 性
通信设备、电子制造业	负荷量较大且平稳，用电曲线波动较小，对供电可靠性要求高
纺织服装鞋帽制造业	生产方式为两班制，生产曲线按照市场需求波动。日内负荷曲线有明显的三个高峰，高峰期负荷波动性较小
造纸及纸制品业	负荷量全天维持在一定水平，负荷曲线在短时间内波动较大，负荷变化的频率较高，该行业的谐波会对电力系统造成一定的影响
家具制造业	生产方式为两班制，生产计划按照市场的需求波动。用电负荷曲线出现明显的三个高峰，高峰期和低谷期的负荷波动性均较小
玩具制造业	生产方式为两班制，生产设备随生产班次运行，日内负荷曲线的波动较大，出现三个明显高峰。由于工艺流程的特殊性，瞬时冲击负荷出现频次较高
食品饮料制造业	生产方式一般为三班倒，日负荷曲线波动较小，全天保持较高的负荷水平。由于生产产品为短时消耗品，因此用电需求随市场需求变化而明显波动

表 5-2　　　　　　　　　　部分工业行业负荷率

行业	行业负荷率（%）	日最小负荷率（%）	检修时间占比（%）
钢铁	95	65	10
电解铝	100	95	2
电解铜	100	75	5
电解锌	100	75	5
氯碱	95	50	10
电石	90	50	10
水泥	90	50	10
造纸	90	70	10

5.1.1.3　一般商业用户负荷特性分析

一般商业用户包括高密度写字楼、机关、酒店、配套商场和商业建筑群等，一般以商业楼宇、商业建筑为研究对象。基于商业用户行业特性，日负荷曲线存在周期性波动的同时，年负荷曲线也呈现季节性波动，均构成电力系统峰荷曲线的重要部分。此外，由于商业用户的运营时段和用电行为较为相似，因此各地区的商业用电负荷曲线较为相仿。

与工业负荷不同的是，商业用户日内负荷的变动较为缓慢，基本没有冲击波的存在，一般商业用户日内曲线只有一个较长的高峰时段，集中在 9:00～22:00。在高峰和平段负荷保持较高水平的同时，商业用户低谷时段的负荷率很低，使得日负荷率一般维持在50%，形成日内较大的峰谷差。不同商业用户因为从事行业、用电时段、区域地段不同，其高峰和低谷时段的表现也会有一定的区别。此外，季节性因素对商业负荷曲线影响较大，在夏季，商业负荷的高峰时段一般出现在11:00～21:00，在冬季则为9:00～21:30，夏冬两季负荷水平的差异主要是受到季节温度的影响。较商业用户而言，工业、居民用户负荷占电力系统的比重较大，但是商业用户的照明设备在电力系统高峰时段持续运行，给电力系统带来了一定的压力。下面分析一般商业用户楼宇的负荷特性。

（1）写字楼负荷特性。写字楼的用电负荷曲线主要跟随写字楼用户的用电行为变化，日内负荷波动性较小，一般8:00之后负荷开始逐步增大并到高位运行，18:00后用户负荷逐渐下降。写字楼的一般用电负荷曲线如图5-6所示。

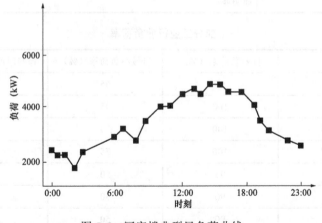

图5-6　写字楼典型日负荷曲线

（2）商场负荷特性。商场作为具有明显时段特征的工商业用户群，用电特性区别于其他商业用户。商场一般在9:00～22:00营业，营业全时段基本实现高用能运转，因此它的日内负荷峰时段持续时间较长，并表现为迅速攀升的用电量。由于商场面向全社会营业，其受到季节温度的影响显著，并对制冷和制热要求较高，因此高峰时段的用电负荷高且波动性弱。商场的一般用电负荷曲线如图5-7所示。

（3）酒店负荷特性。酒店的负荷特性与其房间的入住率息息相关，受营业时段内的需求影响，酒店全天的负荷特性波动较大，一般在日内有两个高峰，在年内则明显受淡、旺季影响。其主要用电设备包括照明负荷、制冷与空调负荷、动力负荷等，分别占酒店年总用电量的40%～50%、20%～25%、

30%，在所有种类的负荷中，照明负荷和空调负荷具有一定的需求侧管理潜力。酒店的一般用电负荷曲线如图 5-8 所示。

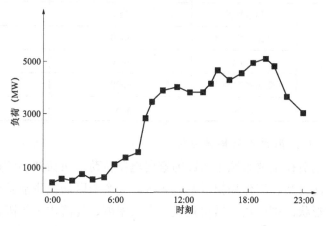

图 5-7 商场典型日负荷曲线

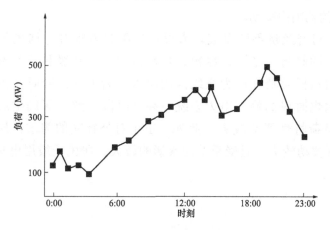

图 5-8 酒店典型日负荷曲线

一般商业典型用电设备的运行小时数如表 5-3 所示。

表 5-3 一般商业典型用电设备运行小时数的取值

机构	类型	年满负荷运行小时数（h）	日最小负荷率（%）
机关、公共机构	空调	991	60
	照明	500	90
	通风	4380	90
商业体	空调	991	0
	通风	4380	100

续表

机构	类型	年满负荷运行小时数（h）	日最小负荷率（%）
	热水加热	250	100
	食品零售冷却	5840	100
商业体	冷藏室	5000	100
	酒店餐馆制冷	5000	80
	供水	4380	100

5.1.1.4 居民用户负荷特性分析

居民用电负荷主要来源于居民的家用电器负荷，负荷波动的影响因素包括居民的生活习惯、工作规律以及气候等。一个地区居民生活负荷的大小和负荷曲线的形状，则取决于城市规模、人口密度、经济水平等因素，不同地区的居民负荷呈现不同的周期规律与季节规律。居民负荷的日负荷率通常在40%～90%的范围内变动。

同时，随着经济不断发展，人民可支配收入提升，居民生活负荷呈现逐年增长的趋势。空调、冰箱、热水器的功率升级和新型家电的广泛购入，使得居民负荷在电力系统内的比重不断上升。同时，由于居民的夜间生活用电时段高峰与电力系统晚高峰时段一致，居民生活用电特性对电网侧负荷特性影响较大。此外，出于对外社交的需求，居民的日负荷曲线往往波动较大，且受季节因素影响较大。居民一般用电负荷曲线如图 5-9 所示。

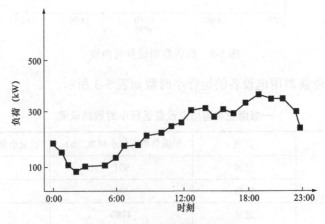

图 5-9 居民典型日负荷曲线

一些居民常用电气设备的运行小时数如表 5-4 所示。

表 5-4	家用设备运行小时数的取值参考	
类型	年满负荷运行小时数（h）	日最小负荷率（%）
空调	991	0
热水器	365	0
电采暖	3600	90
洗衣机	292	0

5.1.2　基于负荷特性的能源增值服务研究

伴随电力体制改革不断推进、市场化改革不断深化，用户对于能源的服务需求已经从原先单一的代理购售电服务，扩张到考虑用户用电特征的多种能源增值服务。国外较为成熟的售电商由于长期处于电力市场中，对不同用户的负荷数据和负荷特征具有基础性研究数据，因此能够推出多种差异化服务方案吸引用户群体，例如美国能源管理公司对家庭耗能进行数据监测并开展能效管理服务；日本东京电力公司则推出基于居民住宅电气改造的能源增值服务。

通过细分用户群体，分析负荷特性，既可以精准高效地实施能源服务，又能对电网侧的削峰填谷、高效运行起到一定推动作用。相似地，电力零售商还可以作为聚合用户负荷参与电力市场的专业机构，关键在于掌握用户负荷特征。因此，电力零售商应形成其专业化的能源增值服务方案，在深化研究用户负荷特性的基础上，引导用户参与多种电力交易市场，扩展服务体系。基于市场维度，用户负荷特性可以被分为分时特性、调节特性和互补特性。其中分时特性指用户用电负荷在日内分时段变化的特征，调节特性是指用户负荷随信号调节的特性，互补特性指不同用户在单一用电曲线中的用电特征通过聚合可以满足特定负荷要求的特性。根据用户的三类负荷特性，电力零售商可以开展多类市场服务，形成具有个性化的能源增值服务体系。考虑用户负荷特性的能源增值服务体系如图 5-10 所示。

5.1.2.1　基于用户分时特性的电力套餐服务

电力零售商作为运营商代理用户进行购电业务，主要参与两级市场。在一级市场中，零售商作为代理商参与批发市场购电；在二级市场中，零售商与合约用户履行代理套餐合同。一些区域用户希望能从批发市场中购入高质廉价电力，但由于单个用户用电需求较小，无法与发电商进行议价探讨，则可以通过聚合用户电力需求来满足该条件。因此，零售商进入批发市场进行专业报价，为用户争取价差，并赚取适当的价差利润，实施过程如图 5-11 所示。

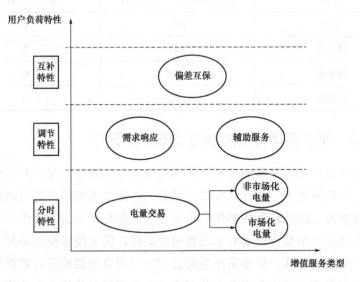

图 5-10 考虑用户负荷特性的能源增值服务体系

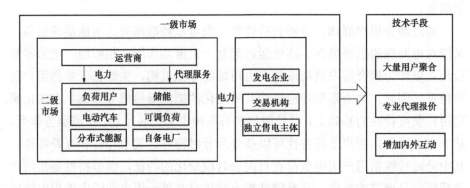

图 5-11 购售电代理交易服务流程

在零售侧，由于代理用户具有一定的分时特性，可以基于此对用户开展电力套餐服务。通过将不同种类的服务产品组合打包销售，在满足用户用能需求的同时增强客户黏性，例如美国南加州爱迪生电力公司根据不同用户的负荷特性，出台季节性电价优惠、合表优惠等多类让利电价策略，例如德国售电企业利用大数据制定适用于出差商务人士的都市合约，我国实行的云南电网居民包年套餐、峰谷电价及阶梯电价等，都是基于用户分时特性打造的零售电力套餐。通过推行个性化的电力套餐服务，为其后的套餐增值服务打下基础。

5.1.2.2　基于用户调节特性的需求管理服务

需求管理主要指在需求侧利用一定举措,促使用户科学合理用电,从而起到节约用电、优化资源配置、减少用电成本、优化用电曲线、提高需求侧效率、改变能源消费方式等作用的用电管理活动。在我国,需求管理服务应用最广的是基于经济激励的需求侧管理项目,即需求响应项目。

需求响应项目的实施建立在用户的调节特性基础之上,虚拟电厂可通过分析用户用能场景和用能设备,分析用户负荷的可调节能力与需求响应特性,通过实施专业的需求响应技术,与用户进行有效的信息交互,进而使用广义的激励手段,实现用户负荷高峰期削减或高效转移,低谷期有效填谷,如图 5-12 所示。

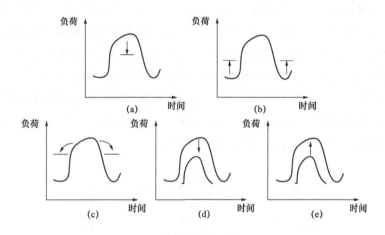

图 5-12　基于需求响应的用户负荷曲线变化

(a) 削峰;(b) 填谷;(c) 负荷转移;(d) 战略保护;(e) 战略增加负荷

不同类型用户负荷,相应需求管理服务的具体方式也不尽相同。针对含有可中断负荷的工业用户,可以实施需求侧负荷柔性管理服务,通过聚合参与调峰市场并获得补偿收入;针对工商业用户,可以通过可中断负荷管理、储能管理等服务享受额外收益;针对居民用户,可以施行需求响应等管理方法,制定用户合理用电模式和负荷转移策略。

实施用户侧的需求管理服务,可以达到减少用户用电费用、提高用户效能、减少电网高峰负荷、提升电力系统效率、降低系统整体成本、提高电网可靠性等的实施效果。

5.1.2.3　基于用户互补特性的偏差互保服务

偏差互保服务常用于售电企业之间进行电量互保以减少偏差考核风险

的场景。由于售电企业承担用户的代理购售电业务，不可避免地会受到主管部门对于其聚合用户电量的偏差考核。

目前售电企业主要采用两种方法来降低偏差考核成本，一是提高用户的负荷预测精度来减少计划用电量和实际用电量的差额；二是与聚合负荷运营体或是售电企业签订能量互保协议，以对偏差电量进行实时购买或转让，达到正负偏差电量的调剂效果，起到分担费用或转移风险的作用。

由于不同用户的负荷特性不同，用户在同一时段内的用电行为相异，虚拟电厂可通过聚合多类用户负荷，使聚合形成的总负荷用电曲线达到理想状态，从而起到削峰填谷、提升效率的作用。

与此相似，用户的负荷特性相异决定了异质灵活负荷聚合在一起可以形成用户之间的互补特性，虚拟电厂一方面与其聚合负荷特性互补的其他售电企业签订电量互保协议，在偏差考核时通过多方联合的需求侧手段减少电量偏差，降低用户侧和售电企业等多方的考核费用，实现较好的偏差互保服务效果；另一方面可以利用用户的负荷互补特性进行组合管理，降低用户侧负荷偏差率。

在国内，已有云南等多个省市出台电量互保细则，利用负荷的互补特性，使售电企业通过市场手段联合消纳电量偏差，开展更多形式的偏差电量互保服务。售电企业偏差互保服务如图 5-13 所示。

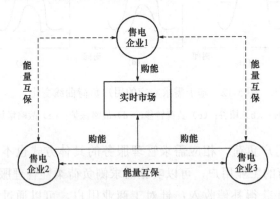

图 5-13　售电企业偏差互保服务

5.2　增值服务下面向零售市场的需求响应机制

需求响应作为调节优化用户侧负荷曲线的常用管理机制，一般由参与市场、实施项目和响应用户三方面构成。其中，响应用户既包含具有标准以上响应能力的大用户，也包含聚集中小用户服务参与响应的负荷聚合商

（load aggregator，LA）或虚拟电厂。以下将从负荷聚合商与实施项目两方面
分析需求响应实施机制。

5.2.1　需求响应实施机制

5.2.1.1　负荷聚合商

随着电力消费需求的快速增长，潜在的供需失衡问题在传统的电力市
场中很难解决，考虑到不同用户具有相异的负荷特性，可通过实施需求响应
项目来削减或是转移运行高峰期的用电负荷。需求响应项目在具有较大调节
特性的大用户中效果显著，然而中小型用户存在需求响应弹性水平较低，响
应时间段不固定，响应资源分布不集中等问题，无法有效参与到需求响应市
场的交易中来。因此，负荷聚合商或虚拟电厂在较为成熟的电力市场中应运
而生，它为用户提供专业的需求响应服务。

负荷聚合商或虚拟电厂作为聚合用户参与需求响应的主体，通过为用户
提供专业的需求响应咨询、需求响应效益测算等服务，聚合用户的可调节负
荷并代理用户参与需求响应项目，其较为显著的特点是通过对中小型用户的闲
置可调节资源进行整合，从而为该类资源有序进入市场提供了渠道，提升了源
荷侧的协调优化能力。负荷聚合商实施需求响应流程如图 5-14 所示。

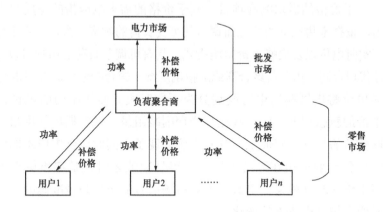

图 5-14　负荷聚合商实施需求响应流程

我国电力市场体制改革的不断推进，为负荷聚合商或虚拟电厂提供了
良好的市场条件。电力零售商拥有负荷收集和聚合的先天条件，可以在需求
响应市场中充分发挥其负荷代理商的作用。通过注册资质成为负荷聚合商或
虚拟电厂，在需求响应市场、辅助服务市场中代理用户参与多种市场交易模
式，扩展业务模式。

5.2.1.2 需求响应实施项目

依据不同响应方式，需求响应实施项目可以分为基于价格的需求响应和基于激励的需求响应两类，这两类响应项目的具体内容如图 5-15 所示。

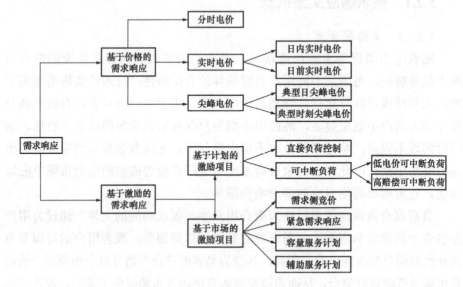

图 5-15 需求响应实施项目分类

（1）基于价格的需求响应项目。基于价格的需求响应指的是用户为减少电费支出，依据零售电价的变化而调节其可变负荷的响应行为，其主要包含分时电价、实时电价以及尖峰电价实施模式。具有可调节负荷的用户可以与其代理商签订代理合同，由负荷聚合商或虚拟电厂统一聚合响应负荷参与市场。

分时电价将电网侧用电时段划分为不同时段并赋予不同的电价，利用用户对电价的敏感程度，引导其在高峰期削减用量，低谷期增加用量，实现平衡电网负荷的目标。实质上，分时电价体现了不同时段供电成本的区别。

实时电价一般应用在系统出现短时容量短缺之时，是零售侧电价与批发侧出清电价的联动成果，实时电价对市场信号的传导是最准确的，能精准反映各时段市场供电成本的变化。

尖峰电价是当实时电价暂时无法实施时而产生的动态电价机制，通过分时电价叠加尖峰费率的方式，既反映较短期内的供电成本变化，也降低实时电价的价格风险。

（2）基于激励的需求响应项目。基于激励的需求响应指的是需求响应主管部门根据电网的平衡度对用户负荷进行一定调整，通过发行一定的激励政策，用户会在电网系统的高峰期或是情况更紧急的失衡期调节用电负荷，它与价格型需求响应的区别在于是否依靠价格信号传导机制。基于激励的需求响应项目主要包括可中断负荷、紧急需求响应、容量或辅助服务计划、需求侧竞价、直接负荷控制等。用户一般与主管部门签订协议，规定每次响应的负荷量，响应补偿收入以及违约办法。

可中断负荷是指实施机构与用户签订协议，当电网处于高峰期时段时，需求响应主管部门会对用户下发一定的响应指令，在用户对响应指令进行信号返回之后，由实施机构对用户侧用电设备进行临时中断供电。该方法对用户的供电可靠性影响较大，一般适用于具有可中断负荷容量的工商业用户。根据响应容量，用户能得到一定的补偿收入。

紧急需求响应是指电力系统面临失衡时，用户提供容量资源维持电网运行。通过自备电源和蓄能装置，用户可以自主调整用电行为模式。通过参与紧急需求响应，用户能得到一定的补偿收入和电费优惠。

需求侧竞价是指用户以竞价形式参与市场竞争并获得经济利润的模式，与其他响应项目相同，中小型用户的负荷可以通过负荷聚合商或虚拟电厂聚合参与需求侧竞价并获得一定收益。

直接负荷控制指直接对用户用电负荷进行控制，通常实施于电网的高峰时期。主管部门会对用户进行提前通知，但由于通知时效较短，因此直接负荷控制一般作用于中小型用户的热能储存设备，用户可以基于此得到相应的中断补偿。

需求响应项目考虑了多种情境下的用户调节方案，具有一定的时段性和适用性。在市场的实际运行中，一般主管部门会综合使用多类响应项目。需求响应项目在不同市场的应用策略如图 5-16 所示。

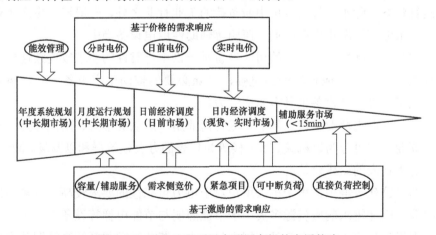

图 5-16　需求响应项目在不同市场的应用策略

5.2.2 用户需求响应特性分析

5.2.2.1 用户需求响应资源分布

典型用户的需求响应特性分析是建立在对用户用电负荷特性分析的基础上的，用户用电曲线受到经济、气候、社会等多种因素的影响，用户的用电场景、用电设备及用电行为特征决定了用户需求响应的特性。

需求响应主要指用户因受到价格等因素的激励而改变可调节负荷，自发做出临时性削峰、临时性填谷等的响应行为。当用户受到激励，主动将一部分负荷通过改变出力、调整班次、联合储能等多种方式转移至平时段和谷时段，那么这一部分负荷就可以被认为是用户侧的需求响应资源潜力。相同行业内不同用户的用电时段、用电特征趋于一致，便可认为同一类别用户的需求响应资源特性也趋于一致。需求响应资源在不同用户中的分布如图 5-17 所示。

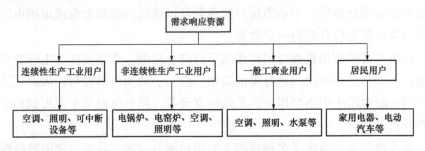

图 5-17 需求响应资源在不同用户中的分布

（1）连续性生产工业用户用电量大，一般采用倒班制生产，设备长期处于运行状态，除水泥等具有可中断负荷的工业行业之外，一般连续生产工业用户需求响应资源集中在空调、照明等辅助性用电设备当中。

（2）非连续性生产工业的用能设备对于供电可靠性的要求较连续性生产工业更低，需求响应资源潜力更强，且除必要的辅助生产设备之外，电锅炉、电窑炉等生产设备也具有响应潜力。

（3）一般工商业用户。基于一般工商业用户的从业形式、用能行为，一般工商业用户可分为以机关、写字楼等为代表的办公建筑群和以商场、酒店、餐饮等为代表的娱乐建筑群。

在办公建筑群中，由于机关用户对于电力可靠性的要求较高，且多为白天办公，因此需求响应资源多集中于节能照明与节能电梯等设备。

在娱乐建筑中，由于其基本用电量较大，营业时间与系统高峰期基本重合，且具有较大的节能潜力，因此其需求响应能力较强，集中于照明、电梯、水泵等设备。

（4）居民用户。居民的需求响应资源集中在家用电器设备当中，基于居民用户的负荷特性，其需求响应资源主要集中在节能家电的使用、空调负荷的调节以及电动汽车的充电时段选择。

5.2.2.2　用户需求响应物理特性分析

用户需求响应物理特性分析即对用户的资源响应容量进行分析。用户参与需求响应的响应容量大小，主要取决于用户用能设备的可调节负荷大小，而用户可调负荷的调节能力则受到外界因素，如电价信号、激励内容等和内在特性的双重影响。

（1）用户用电设备的可调节性。依据用户生产、生活特性，用户的终端用电设备可以分为可调节负荷和不可调节负荷，这也决定了用户负荷是否能被调节。

用户用电设备的可调节负荷往往作为需求响应的重点资源，通过合理设置激励手段，用户能够自发调整用电行为。

同时，受实际环境影响，往往存在部分不可调节的负荷维持用户的生产生活，不可调节负荷既不会跟随价格信号进行自我削减和转移，也不会受激励手段响应中断供电信号，因为一旦改变不可调节负荷，便会给用户的生产生活带来巨大影响。

（2）影响可调节能力的因素。虽然大部分用户都具有可调节负荷，但决定调节量大小的是可调节负荷的调节能力。一般将用户的可调节能力分为两部分进行研究，一部分是用户可调节量的研究，另一部分是用户响应时段研究，如图 5-18 所示。

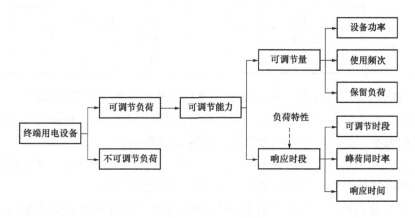

图 5-18　用户需求响应资源量影响因素

用户可调节量主要受到用电设备特性影响，设备使用的频次、设备应保留的最低负荷以及设备的功率等都会对用户可调节量产生一定作用。其中，保留的最低负荷值不影响用户基本生产生活条件下应保留的设备最低运行负荷。

响应时段则主要受用户的负荷特性影响。用户负荷季节性特征、周期性特征是否明显、用户临时性改变负荷的持续时间、区域电网负荷特性与用户负荷特性的相似性等都会对响应时段产生一定影响，进而影响用户分时段的需求响应资源量。

5.2.2.3　用户需求响应经济特性分析

典型用户的需求响应参与度主要由两方面决定，一是用户的响应物理特性，二是用户的响应经济特性。前文已对用户的物理特性进行了详尽的分析，而经济特性则主要考虑需求响应实施部门制订的价格政策与激励政策对用户负荷调整的影响程度。典型用户的物理特性与经济特性见表5-5。

广义的激励型需求响应项目也可以视为价格型需求响应项目，通过一定的激励价格使用户自发调整用电行为。由于不同用户对激励价格的敏感程度不同，选取需求价格弹性来定量地描述这一敏感程度。

表 5-5　　　　　　　　　　　典型用户物理特性与经济特性

用户	类型	物理特性			经济特性（价格敏感度）
		可靠性要求	日负荷特性	调节能力	
工业用户	部分连续性生产	高	连续	高	低
工商业用户	非连续性生产机关	较高	间歇	高	高
	写字楼、酒店、餐饮	高	较连续	低	低
	娱乐商场	不高	间歇	较高	中
居民用户	家用电器	高	间歇	低	低
	电动汽车	较高	间歇	低	高

考虑到用户参与度对零售商制定激励策略的影响，本节通过引入四象限分析法对典型用户参与度进行定性描述，依据用户可调节负荷量与价格敏感度的大小，将用户分为四个象限，如图5-19所示。

在 A 象限内，用户可调节负荷量大，对于价格的敏感度高，具有较高的需求响应资源潜力，主要以部分非连续性工业用户为主。

在 B 象限内，用户的可调节负荷量小，但对于价格的变动较为敏感，可以利用价格要素激发这类用户通过负荷聚合参与需求响应，典型代表为居民电动汽车负荷。

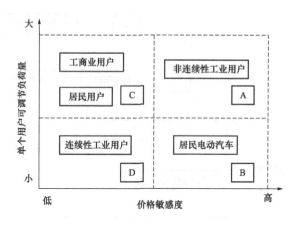

图 5-19　典型用户参与度分析

C 象限的用户潜能较大，但由于该象限内用户对价格的敏感程度不高，因此对于 C 类用户进行开发需要一定的成本，以工商业用户和居民用户为例，由于这两类用户对于供电的可靠性要求较高，可以通过推广节能改造、能效管理等增值服务，挖掘用户的需求响应潜能。

D 象限用户对于价格的敏感度低，可调节负荷量也小，需求响应资源潜力小，主要包含一些连续性工业用户，但不适用于所有连续性工业用户。

目前，国内需求响应项目的实施主要以激励型为主，实施用户则从原来的以非连续性工业用户为主要对象过渡到多类型用户共同参与，其中不乏一些储能运营商、充电桩运营商、售电企业的积极参与。通过负荷聚合商或虚拟电厂等聚合分散资源参与需求响应市场，可以更大规模地开发需求响应资源池，完善电力市场资源配置体系。

5.2.2.4　用户需求响应资源排序

在实际运营中，如何根据市场的变化及时调配资源参与需求响应，并挖掘用户潜能十分关键。通过准确识别不同负荷资源的调动成本，可以为负荷聚合商或虚拟电厂补足系统缺口、降低资源调动成本提供决策支撑。在现有电力市场下，用户需求响应资源调用的一般顺序如图 5-20 所示。

当负荷聚合商或虚拟电厂对用户的需求响应资源进行开发时，最重要的是识别 A 类资源，即既具备较大的可调节负荷，又对价格较为敏感的资源类型，例如非连续性工业用户群。这类群体的开发成本较低，适合在市场任何时期进行资源调动。

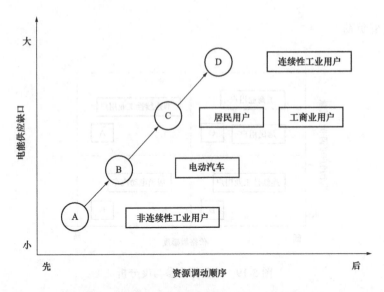

图 5-20　典型用户需求响应资源识别及调用顺序

当区域的电力市场较为成熟时，负荷聚合商或虚拟电厂就可以充分发挥组织中介作用。B 类资源作为开发难度仅次于 A 类用户的群体，负荷聚合商或虚拟电厂可以通过其专业聚合的能力，为 B 类用户提供挖掘需求响应潜力的策略，例如提供充电站的规划优化策略等。

当区域电量偏差较大，或出现短期用电失衡的情况，调用 A、B 类资源已无法满足系统缺口时，可以通过调用 C 类资源进行短时平衡，但这意味着要付出更大的经济成本。

在紧急状态下，D 类资源虽然响应能力较差，但也可以被紧急调用。同时，负荷聚合商或虚拟电厂在付出较高经济成本之外，还可能负担一部分社会成本。

在制定实际运行策略时，负荷聚合商或虚拟电厂不仅要实时关注用户的用能情况，对其响应能力进行充分调研，还需要结合大电网侧的具体政策机制，制定合理的分批次或分时段响应的策略。

5.2.3　基于需求价格弹性的需求响应模型

5.2.3.1　电力需求价格弹性理论

（1）需求与价格的关系。根据经济学原理，商品的需求受到包括价格、消费者收入、喜好、可转换产品价格、数量等在内多种因素的影响。在诸多因素中，影响商品需求最深的是商品的价格。在电力市场中，需求量指的是用户用电量，而商品价格则指其对应用电量的用电价格。通常，商品的需求和价格成反比关系，在其他相关要素保持不变的情况下，商品的价格需求曲线如图 5-21 所示。

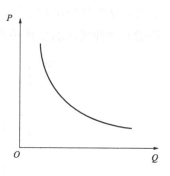

图 5-21　典型需求曲线

　　由于该曲线的斜率表达式较为复杂，因此在现行研究中，一般会对该曲线进行分段线性化处理。而对微小时段线性处理后的曲线斜率，则代表每单位时段内电力需求和价格的变动关系，通常采用电力需求价格弹性来定量地描述这一类关系。因此，可以通过式（5-13）计算得到该曲线的斜率，即电力需求弹性系数。

$$\varepsilon = \frac{\Delta Q / Q}{\Delta P / P} \tag{5-13}$$

式中：ε 为电力需求弹性系数；Q 为用电量；ΔQ 为用电量变化值；P 为电价；ΔP 为电价变化值。

　　（2）电力需求弹性。电力需求弹性指的是电价的相对变动引起变动的相对电量，即电量的变化率和对应引起电量变化的价格变化率之比，其计算公式为：

$$\varepsilon_{tt} = \frac{\Delta Q_t / Q_t}{\Delta P_t / P_t} \tag{5-14}$$

$$\Delta Q_t = \int [Q_{\mathrm{TOU},t}(P_{\mathrm{TOU},t}) - Q_t(P_t)] \mathrm{d}t \tag{5-15}$$

$$\Delta P_t = P_{\mathrm{TOU},t} - P_t \tag{5-16}$$

式中：ε_{tt} 为电力需求自价格弹性系数；ΔQ_t 为执行分时电价前后时段 t 的用电量变化值；$P_{\mathrm{TOU},t}$ 为执行分时电价后时段 t 的分时电价；$Q_{P_{\mathrm{TOU},t}}(P_{\mathrm{TOU},t})$ 为执行分时电价后的电量—电价函数；P_t 为执行分时电价前时段 t 的电价；$Q_t(P_t)$ 为执行分时电价前的电量—电价函数；ΔP_t 为执行分时电价前后时段 t 的电价变化值。

　　自弹性系数常用来描述用户单一时段响应的情况，因其仅代表单一时段内用电量随对应时段电价变化的幅度。当 t 时段电价升高时，用户在时段 t 的用电需求会相应减少，因此自需求弹性系数 ε_{tt} 表示时段 t 内电力用户用电量变动对电价变动的反应程度。

　　通常，电力需求的上升，会导致装机容量的投资加大，系统运营成本上升，从而使得电价上升，同时电价的上升信号会使得电力需求量下降。其供给与弹性需求的平衡关系如图 5-22 所示。

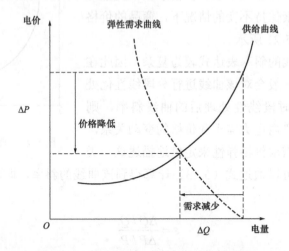

图 5-22　电力供给与弹性需求的平衡关系

电力需求自价格弹性具有多种维度的特征，这主要是用户主体异质化、设备技术水平不统一化等多种原因造成的。在时间范畴上，相较于长期、超短期需求价格弹性，短期需求价格弹性明显更低；在分布范畴上，用户主体各自的需求价格弹性也不尽相同。弹性系数按照其数值大小，主要分为以下四类。

1）$\varepsilon_{tt}=1$，说明单位价格的变动程度引起需求量的变动程度是一致的。

2）$1<\varepsilon_{tt}<\infty$，说明商品富有弹性，每当商品变化一个百分点，其引起的需求量变化率都会大于甚至远大于一个百分点。

3）$\varepsilon_{tt}<1$，说明商品弹性较低，每当商品变化一个百分点，其引起的需求量变化率都会小于甚至远小于一个百分点。

4）$\varepsilon_{tt}=0$，说明商品完全无弹性，价格的任意变动无法引起需求量的变动。

5）$\varepsilon_{tt}\to\infty$，说明商品需求完全弹性，即使商品的价格不发生变化，需求量也可以进行随意的变动。

有很多因素可以影响商品需求自价格弹性，包括商品的可替代性、用途的广泛性、对消费者的重要程度、消费者的收入、商品使用周期等。

（3）需求的交叉价格弹性。通过消费者心理学可知，用户用电量的变动，不仅会受到当时段电价变动的影响，还会出现一定的"提前行为"，即受到相邻电价变动的影响。当用户提前知道下一时段电价会降低，就会进行生产计划的延后或暂停计划，因此用户当前时段的用电量是受到跨度长于当前时段的电价影响的。例如，当 j 时段的电价降低信号被用户收到，用户会减少在 t 时段的用电量，并将 t 时段的用电量一部分削减，另一部分转移至 j 时段，那么交叉弹性系数就可以被表示为 j 时段电价变化对 t 时段的用电量变化的影响程度，其计算公式为：

$$\varepsilon_{tj} = \frac{\Delta Q_t / Q_t}{\Delta P_j / P_j} \tag{5-17}$$

式中：ε_{tj} 为电力需求交叉价格弹性系统；Q_t 为 t 时段用电量；ΔQ_t 为 t 时段用电量变化值；P_j 为 j 时段电价；ΔP_j 为 j 时段电价变化值。

综合考虑需求自价格弹性与交叉价格弹性两个指数，就可以测度任意价格区间对需求量的影响程度。当电力用户参与需求响应时，其会根据电价的信号传导改变行为模式和用电时段。为了定量地描述用户该种响应特征，通过引进需求弹性系数矩阵来表示用户的电力需求弹性。

因此，对于时间段 $1 \sim n$，可得到电力需求弹性系数矩阵 $\boldsymbol{E}$。

$$\boldsymbol{E} = \begin{bmatrix} \varepsilon_{1,1} & \varepsilon_{1,2} & \cdots & \varepsilon_{1,n} \\ \varepsilon_{2,1} & \varepsilon_{2,2} & \cdots & \varepsilon_{2,n} \\ \vdots & \vdots & \cdots & \vdots \\ \varepsilon_{n,1} & \varepsilon_{n,2} & \cdots & \varepsilon_{n,n} \end{bmatrix} \tag{5-18}$$

5.2.3.2　用户需求价格弹性分析

电力需求价格弹性主要由用户的需求响应特性决定，而用户的需求响应特性又受到用户用能场景、用能设备、工艺流程及负荷特性的影响，因此，用户差异化的电力需求价格弹性是由用户差异化的负荷特性决定的。本节将在上文用户用电特性的基础上对用户需求价格弹性进行特征分析。

（1）工业用户需求价格弹性分析。通常工业行业的性质和生产方式对需求价格弹性起主要影响作用。需求价格弹性的特征，一是用能企业是否能在高峰时段内进行负荷的削减，即自弹性系数的含义，二是用能企业是否能将可调节负荷从高峰时段转移至相邻的平时段及低谷时段，即交叉弹性系数的含义。以下展开对工业用户需求价格弹性的分析。

1）高耗能产业。高耗能产业由于用电需求量大，在生产总成本中电费支出往往占据较高比例，因此对电价的敏感度较高。当对用户实施需求侧响应时，用户会倾向于通过转移负荷的方式参与需求响应市场。在实际生产中，已经有较多高耗能企业参与到电网侧发起的响应活动中，将生产作业安排至电网低谷段进行，由于其能够在较广的时间段内调整负荷量，所以电力需求弹性系数矩阵中的非 0 元素沿对角线分布较宽，如式（5-19）所示：

$$E = \begin{bmatrix} \ddots & \cdots & \cdots & 0 \\ \cdots & \ddots & \cdots & \cdots \\ \cdots & \cdots & \ddots & \cdots \\ 0 & \cdots & \cdots & \ddots \end{bmatrix} \tag{5-19}$$

2）连续性生产行业。由于连续性生产行业工艺的特殊性，其对电能供应稳定性的要求一般较高，在工艺流程中通常具有严格的工序限制，且流程之间不能相互切换。因此，若是该类生产行业没有可中断负荷的存在，其响应能力和可调节负荷都较低，表现为对电价的敏感程度较低，电力需求弹性系数矩阵的非 0 元素沿对角线分布较窄，如式（5-20）所示：

$$E = \begin{bmatrix} \ddots & \cdots & 0 & 0 \\ \cdots & \ddots & \cdots & 0 \\ 0 & \cdots & \ddots & \cdots \\ 0 & 0 & \cdots & \ddots \end{bmatrix} \tag{5-20}$$

3）非连续性生产行业。非连续性生产行业作为需求侧负荷较为灵活的行业类型，一般其可调节负荷大，对电价的敏感程度也较高，有利于电网侧的削峰填谷。但同时，由于非连续性生产行业内部分行业已经实行避峰式生产模式，因此仍是高峰段生产的行业才具有绝对值较大的电力需求弹性系数矩阵。

（2）一般工商业用户需求价格弹性分析。工商业用电时段较为固定，且其负荷曲线呈现明显的周期性和季节性，用电高峰时段与电力系统高峰时段较为吻合。由于其营业和办公的特殊性质，负荷转移能力不强，交叉弹性系数较小。其参与需求响应多依赖于节能空调、节能电梯、绿色照明等节能用电设备所带来的负荷削减。同时，通过对设备进行升级改造也能促进工商业用户的负荷转移，例如上海区域工商业用户通过对空调进行技术改造，采用冰蓄冷技术有效提高了负荷转移的能力，大大减少了系统峰时段的用电量。

（3）居民用户需求价格弹性分析。居民受限于规律的生活方式，主要集中在中午和晚上用电，该种模式下负荷很难具有转移能力，交叉弹性系数接近于 0。但随着社会和经济的发展，居民家用电器有了更广泛的使用方式。由于实行峰谷阶梯电价，居民往往倾向于在低谷时段使用热水器、空调、电热水壶、吹风机等大功率电器，以减少电费的支出。居民楼宇聚集了大量的居民用户可调节家用电器负荷，因此居民楼宇具有较大的峰、平时段向谷时段转移的交叉弹性系数。

5.2.3.3　用户需求响应模型构建

对于时间段 $1 \sim n$，可以得到执行分时电价后电力用户用电量变化率，如式（5-21）所示：

$$
\boldsymbol{E} = \begin{bmatrix} \Delta Q_1 / Q_1 \\ \Delta Q_2 / Q_2 \\ \vdots \\ \Delta Q_n / Q_n \end{bmatrix} = \boldsymbol{E} \begin{bmatrix} \Delta P_1 / P_1 \\ \Delta P_2 / P_2 \\ \vdots \\ \Delta P_n / P_n \end{bmatrix} \tag{5-21}
$$

由此，可以计算得到执行分时电价后电力用户的用电量，如式（5-22）所示：

$$
\begin{bmatrix} Q_1' \\ Q_2' \\ \vdots \\ Q_n' \end{bmatrix} = \begin{bmatrix} Q_1 & & & \\ & Q_2 & & \\ & & \ddots & \\ & & & Q_n \end{bmatrix} \boldsymbol{E} \begin{bmatrix} \Delta P_1 / P_1 \\ \Delta P_2 / P_2 \\ \vdots \\ \Delta P_n / P_n \end{bmatrix} + \begin{bmatrix} Q_1 \\ Q_2 \\ \vdots \\ Q_n \end{bmatrix} \tag{5-22}
$$

式中：Q_n' 为执行分时电价后时段 n 的用电量。

在实际研究中，通常针对不同用户设计峰、平、谷、分时段电价，按照用户日负荷数据将其划分为峰、平、谷不同用电时段。对于时间段 $1 \sim n$，依据需求弹性系数公式，不同时段的用电需求变化率与电价变化率的关系如式（5-23）所示：

$$
\begin{bmatrix} \Delta Q_f / Q_f \\ \Delta Q_p / Q_p \\ \Delta Q_g / Q_g \end{bmatrix}^i = \boldsymbol{E}^i \begin{bmatrix} \Delta P_f / P_f \\ \Delta P_p / P_p \\ \Delta P_g / P_g \end{bmatrix}^i \tag{5-23}
$$

其中，不同用户的峰、平、谷电力需求弹性矩阵 $\boldsymbol{E}^i$ 如式（5-24）所示：

$$
\boldsymbol{E}^i = \begin{bmatrix} \varepsilon_{ff} & \varepsilon_{fp} & \varepsilon_{fg} \\ \varepsilon_{pf} & \varepsilon_{pp} & \varepsilon_{pg} \\ \varepsilon_{gf} & \varepsilon_{gp} & \varepsilon_{gg} \end{bmatrix}^i \tag{5-24}
$$

式中：ε_{ff}、ε_{pp}、ε_{gg} 分别为峰时段、平时段以及谷时段用户用电需求的自弹性系数；其余弹性系数表示交叉弹性系数，代表前一时段的用电需求随后时段电价的变化而变化的幅度。

假设用户 i 在制定分时电价套餐前实行销售单价 $\overline{p}_{x,n}^i$，电力需求弹性系

数矩阵为 E^i，各时段实际负荷分别为 $\overline{q}_{d,t}^i (t \in F,P,G)$；在实施分时电价 $\overline{p}_{x,t}^i$ 后的用电量为 $q_{d,t}^i (t \in F,P,G)$，则用户实际峰、平、谷时段用电量如式（5-25）所示：

$$\begin{bmatrix} q_{d,F}^i \\ q_{d,P}^i \\ q_{d,G}^i \end{bmatrix} = \begin{bmatrix} \overline{q}_{d,F}^i \\ & \overline{q}_{d,P}^i \\ & & \overline{q}_{d,G}^i \end{bmatrix} \times \begin{bmatrix} \varepsilon_{ff} & \varepsilon_{fp} & \varepsilon_{fg} \\ \varepsilon_{pf} & \varepsilon_{pp} & \varepsilon_{pg} \\ \varepsilon_{gf} & \varepsilon_{gp} & \varepsilon_{gg} \end{bmatrix}^i \times \begin{bmatrix} \Delta P_f / P_f \\ \Delta P_p / P_p \\ \Delta P_g / P_g \end{bmatrix}^i + \begin{bmatrix} \overline{q}_{d,F}^i \\ \overline{q}_{d,P}^i \\ \overline{q}_{d,G}^i \end{bmatrix} \quad (5\text{-}25)$$

最终得到基于需求价格弹性的用户需求响应模型表达式，如式（5-26）所示：

$$q_{d,F}^i = \overline{q}_{d,F}^i \left[\varepsilon_{FF}^i \frac{p_{x,F}^i}{\overline{p}_{x,F}^i} + \varepsilon_{FP}^i \frac{p_{x,P}^i}{\overline{p}_{x,P}^i} + \varepsilon_{FG}^i \frac{p_{x,G}^i}{\overline{p}_{x,G}^i} - (\varepsilon_{FF}^i + \varepsilon_{FP}^i + \varepsilon_{FG}^i) + 1 \right]$$

$$q_{d,P}^i = \overline{q}_{d,P}^i \left[\varepsilon_{PF}^i \frac{p_{x,F}^i}{\overline{p}_{x,F}^i} + \varepsilon_{PP}^i \frac{p_{x,P}^i}{\overline{p}_{x,P}^i} + \varepsilon_{PG}^i \frac{p_{x,G}^i}{\overline{p}_{x,G}^i} - (\varepsilon_{PF}^i + \varepsilon_{PP}^i + \varepsilon_{PG}^i) + 1 \right] \quad (5\text{-}26)$$

$$q_{d,G}^i = \overline{q}_{d,G}^i \left[\varepsilon_{GF}^i \frac{p_{x,F}^i}{\overline{p}_{x,F}^i} + \varepsilon_{GP}^i \frac{p_{x,P}^i}{\overline{p}_{x,P}^i} + \varepsilon_{GG}^i \frac{p_{x,G}^i}{\overline{p}_{x,G}^i} - (\varepsilon_{GF}^i + \varepsilon_{GP}^i + \varepsilon_{GG}^i) + 1 \right]$$

化简，如式（5-27）所示：

$$q_{d,t}^i = \overline{q}_{d,t}^i \left[\sum_j^n \left(\varepsilon_{tj}^i \frac{p_{x,j}^i}{\overline{p}_{x,j}^i} \right) - \sum_j^n \varepsilon_{tj}^i + 1 \right] \quad t,j \in F,P,G \quad (5\text{-}27)$$

在实施需求响应后，用户 i 的实际用电量可以进一步表示为式（5-28）：

$$q_{d,t}^i = \overline{q}_{d,t}^i \frac{q_{d,T}^i}{\overline{q}_{d,T}^i} \quad T = F,P,G \quad (5\text{-}28)$$

式中：$q_{d,t}^i$ 为实施需求响应后用户 i 的实时用电量；$\overline{q}_{d,t}^i$ 为实施需求响应前用户 i 的实时用电量。

5.3 面向需求响应的虚拟电厂零售套餐定价分析

5.3.1 考虑需求响应的零售套餐模式

随着电力市场改革的逐步推进，工业园区、商业综合体等实体园区能够从电力市场以批发价购电，获得电力价格优惠。虚拟电厂或负荷聚合商通过聚合这些工商业用户，在满足供电需求同时，为园区开展需求响应提供契机。基础的业务模式是在批发及零售市场进行电力的批发和零售业务，即向上游发电企业购买中长期或短期电量，与下游电力用户签订周期性电力销售协议，以合理赢取双边市场的差额利润，同时将部分价差利润让利于用户，实现电力市场上的双赢。

考虑到越来越成熟的市场机制和越来越多样的用户需求，电力零售商不断创新客户服务模式，在基本的价差收益模式上提出代理用户以虚拟电厂或负荷聚合商的身份参与需求响应市场、辅助服务市场，以及考虑偏差考核的多种业务模式，依据零售商零售业务与增值服务模式的不同，可以将虚拟电厂或负荷聚合商的业务模式分成以下几类：

（1）差价盈利。差价盈利作为虚拟电厂或负荷聚合商最基本的盈利模式，主要依赖单位售电量的价差利润获得基本收入，在允许电网公司参与竞争性售电市场的现行规章中，虚拟电厂或负荷聚合商需要有大量签约电量，才能获得可观差价收益。

（2）增值服务。增值服务囊括除基本电力零售套餐外的其他服务，除前文所述的需求管理服务、偏差互保服务外，还包含节能改造、维修运检等服务。特别地，针对有自备电厂、自备分布式电源及储能装置的大工业用户，虚拟电厂或负荷聚合商还可以通过与园区内分布式能源合作，开展自发自用、余量上网、能效管理、综合能源系统优化等多种服务，充分满足用户需求，扩展业务模式。鉴于篇幅限制，不对除需求响应外的增值服务进行进一步研究。

（3）需求响应。需求响应作为增值服务业务中最广泛的一类，虚拟电厂或负荷聚合商可通过聚合负荷参与需求响应项目获得合理收益，依据虚拟电厂或负荷聚合商与用户需求响应的不同分成方式，主要设置两类需求响应零售套餐供用户选择，如图 5-23 所示。

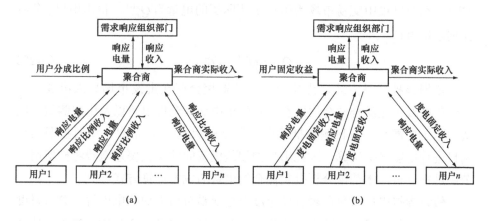

图 5-23　需求响应套餐基本模式

（a）总量分成模式；（b）基本保底模式

1）总量分成套餐模式。总量分成套餐模式指虚拟电厂或负荷聚合商与用户约定需求响应的利润分成制度，确定分成的比例系数，用户所得到的需求响应收入与其具体的响应量成正比。

2）基本保底套餐模式。基本保底套餐模式指不论虚拟电厂或负荷聚合商在需求响应市场的总收益如何，都需要固定支付参与用户的度电响应奖励。一般来说，经过虚拟电厂或负荷聚合商测算的度电响应奖励保持在一个稳定值。

5.3.2 虚拟电厂或负荷聚合商收益影响因素分析

5.3.2.1 批发市场购电成本分析

电力批发市场的主要交易形式为合同交易，依据合同时效的长短，又将其划分为年度双边协商交易市场以及月度集中竞价市场。售电商在年度双边协商市场购买电量时，自主提出自定义分解曲线，将购买的年度合约电量分解为分时电量；在月度集中竞价市场购买电量时，通常采用交易中心与调度中心统一制定并发布的常见分解曲线，将购买的月度合约电量分解为分时电量。

虚拟电厂或负荷聚合商的购电价格主要由三部分组成：批发市场交易电价、输配电价（含线损、政策性交叉补贴）以及政府性基金。其中，年度双边交易市场的交易价格按照合同约定执行，月度集中竞价交易市场的交易价格通常按照统一出清价格或双边申报价格确定。

虚拟电厂或负荷聚合商在年度双边交易市场为用户 i 所购买的电量为 $Q_{d,t}^{n(i)}$，在月度集中交易市场为用户 i 所购买的电量为 $Q_{d,t}^{y(i)}$，得出用户 i 分时计划电量为 $Q_{d,t}^{i}$。

$$Q_{d,t}^{i} = Q_{d,t}^{n(i)} + Q_{d,t}^{y(i)} \tag{5-29}$$

依据该种交易方式，虚拟电厂或负荷聚合商在批发市场购入电能电费包含年度双边交易合同合约电费、月度集中交易竞价电费以及用户侧偏差电费。由于电网企业每日测算批发市场大用户 96 点用电信息，每月按照结算例日进行电能电费结算，因此用户侧偏差电费的结算在偏差电费考核费用一节中进行分析，本节仅分析批发侧合约电费的成本计算方式。

假设虚拟电厂或负荷聚合商年度双边交易市场平均购电电价为 $P_{c,t}^{n}$，月度集中竞价交易市场平均购电电价为 $P_{c,t}^{y}$，两者统计口径一致且均折算为落地侧电价（包含输配电价与政府性基金），则虚拟电厂或负荷聚合商购电成本计算公式如式（5-30）所示：

$$C_g^d = P_{c,t}^n \times \sum_{i=1}^{I} \sum_{t=1}^{T} Q_{d,t}^{n(i)} + P_{c,t}^y \times \sum_{i=1}^{I} \sum_{t=1}^{T} Q_{d,t}^{y(i)}$$ （5-30）

式中：C_g^d 为第 d 日的虚拟电厂或负荷聚合商购电成本；$P_{c,t}^n$ 为年度双边交易市场平均购电电价；$Q_{d,t}^{n(i)}$ 为年度双边交易市场中用户 i 的合约电量；$P_{c,t}^y$ 为月度集中竞价交易市场平均购电电价；$Q_{d,t}^{y(i)}$ 为月度集中竞价市场中用户 i 的合约电量。

此外，针对园区内变压器容量为 315kVA 及以上的工业用户，一般按照用户接入系统的变压器容量（或最大需量）计算容量电费，每日基本电费支出通常采用该月基本电费均摊到实用天数的方法进行计算。因此，园区虚拟电厂或负荷聚合商所支付的容量电费计算公式如式（5-31）所示：

$$C_c^d = \frac{I_b \times p_b}{30}$$ （5-31）

式中：C_c^d 为第 d 日的虚拟电厂或负荷聚合商应缴容量电费；I_b 为园区变压器总容量；p_b 为容量电价。

5.3.2.2　营销与管理支出分析

当虚拟电厂或负荷聚合商销售零售套餐时，其产生的一般费用包含套餐推广费用、建设投资费用、用户补贴费用以及运行维护费用等。鉴于制订套餐与销售套餐只需要对不同合约用户的分时段计量数据进行统计，不需要投入新设备，因此不计入其他高昂的维护费用和设备投入费用。零售套餐的主要实施成本为套餐的营销与管理支出，即推广与管理费用，计算公式如式（5-32）所示：

$$C_m = \rho K$$ （5-32）

式中：ρ 为每个套餐的营销与管理产生的平均费用；C_m 为虚拟电厂或负荷聚合商营销管理总费用；K 为套餐个数。

实施电价套餐成本分摊周期一般为 180 天，将电价套餐营销管理支出成本分摊到单位日，计算公式如式（5-33）所示：

$$C_m^d = \rho K / 180$$ （5-33）

式中：C_m^d 为虚拟电厂或负荷聚合商营销及管理成本。

5.3.2.3　零售市场售电收入分析

虚拟电厂或负荷聚合商经批发市场竞争购得的电量最终将通过零售套餐合同在零售市场出售，虚拟电厂或负荷聚合商可以自主决定零售电价，但不能超过零售电价上限，过程实时受到政府部门的监管。虚拟电厂或负荷聚合商在批发市场和零售市场的交易流如图 5-24 所示。

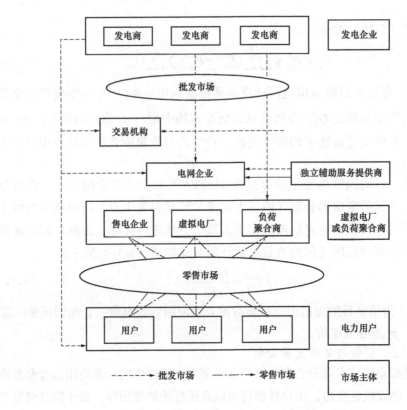

图 5-24 批发市场与零售市场交易流

基于前述章节的零售套餐模式说明，本节主要考虑需求响应场景下的电力零售套餐，即总量分成套餐与基本保底套餐。由于存在市场交易及考核机制，两类电价套餐均将偏差考核的相关规定纳入合约内容中。

因此，虚拟电厂或负荷聚合商的售电收入表示为用户实际电费的统计收取，在实际市场中，虚拟电厂或负荷聚合商可与用户一般签订长期合作协议。为方便计算虚拟电厂或负荷聚合商短周期内的收益来源，本节将虚拟电厂或负荷聚合商每日的实际售电收入定义为各类用户分时段实时电量与相应合约电价的乘积之和。

同时，针对超出合同约定电量或少于合同约定电量的部分，需要对用户进行偏差考核，除一定弥补实时购电与计划用电的价差之外，还需要约定比例对用户增收偏差考核费用。在本节中，仅对虚拟电厂或负荷聚合商的实际售电收入进行分析，而应征收的正偏差考核电费则在后续章节中进行进一步讨论。

因此，虚拟电厂或负荷聚合商的售电收入计算公式如式（5-34）所示：

$$I_s^d = \sum_{i=1}^{I} \sum_{t=0}^{T} (p_{x,t}^i \times q_{d,t}^i) \tag{5-34}$$

式中：I_s^d 为第 d 日的虚拟电厂或负荷聚合商售电收入；$p_{x,t}^i$ 为在套餐 x 中用户 i 在时段 t 的分时价格；$q_{d,t}^i$ 为用户 i 在时段 t 的实时电量；T 为总时段；I 为用户总个数。

其中，对于大工业用户，除了征收基本的电度电价之外，还要考虑到容量电费（基本电费）的征收。因此，对大工业用户基本电费计算公式如式（5-35）所示：

$$I_c^d = \frac{l_b \times p_b}{30} \tag{5-35}$$

式中：I_c^d 为第 d 日的电力零售商容量电费。

5.3.2.4　需求响应补偿收入分析

通常，电网公司通过考核用户响应容量、响应时段和响应内容，给予用户一定的经济补偿。用户响应容量主要以用户实际用电曲线与用户基线的差值作为最终结算的实际响应负荷，削峰型需求响应的基线统计原则为选取响应日前 5 个正常工作日作为参考日，填谷型需求响应的基线选取原则为未参与需求响应时的历史同期负荷日。基于此，用户响应负荷应为实际负荷与基线负荷差值的绝对值。

（1）基线负荷的计算方式。用户基线负荷是指假设用户未参与需求响应的负荷预测量，它反映了用户没有受到价格引导时的实际需求，通过对比用户基线负荷和实际负荷，可以确定用户的响应负荷削减量，便于评价需求响应中用户负荷减少的程度，进一步对用户补偿费用的确定提供依据。用户基线负荷如图 5-25 所示。

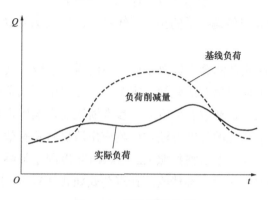

图 5-25　用户基线负荷

在经济激励性需求响应项目的研究中，单个用户基线负荷的预测量和削减量主要采用平均值法进行计算，对计算得到的数据加以调整因子，以适应具体情境下的负荷预测值。

平均值法指选取没有实施需求响应时的用户若干相似日负荷数据，线性拟合每小时的负荷平均值，主要分为简单平均值法和权重平均值法两类。简单平均值法是将若干个相似日中时段相同的负荷数据进行平均，其中相似日不能包含休息日和特殊日，休息日和特殊日的甄别依赖于用户自身的负荷特性。而权重平均值法，是对相似日赋予不同的权重进行算术平均的方法，一般近期的相似日赋予权重较大，远期的相似日赋予权重较小。

由于平均值法对于历史负荷考察较多，而忽略了需求响应当日天气、生产要素等现实因素对实际负荷的影响。因此在实际应用中，用户的基线负荷一般会乘以调整因子，对平均值法得到的基线负荷予以范围内的调整，以让基线负荷更趋于实际情况。一般而言，调整因子是指实施需求响应前 2h 的实际负荷与预测负荷之比，计算公式如式（5-36）所示：

$$h_d = \frac{Q_{d,j-2} + Q_{d,j-1}}{Q_{F,d,j-2} + Q_{F,d,j-1}} \tag{5-36}$$

式中：h_d 为第 d 日的基线负荷调整因子；$Q_{d,j-2}$ 为第 d 日 $j-2$ 时段的实际负荷；$Q_{d,j-1}$ 为第 d 日 $j-1$ 时段的实际负荷；$Q_{F,d,j-2}$ 为第 d 日 $j-2$ 时段的预测基线负荷；$Q_{F,d,j-1}$ 为第 d 日 $j-1$ 时段的预测基线负荷；j 为第 d 日实施需求响应开始时段。

因此，根据调整因子的定义，当日预测基线负荷经调整后计算公式如式（5-37）所示：

$$Q'_{F,d,t} = h_d \times Q_{F,d,t} \qquad t \geq j \tag{5-37}$$

式中：$Q'_{F,d,t}$ 为第 d 日经调整后的预测基线负荷；$Q_{F,d,t}$ 为第 d 日未经调整后的预测基线负荷。

（2）需求响应收益测算。针对不同类型的需求响应，其补偿价格的计算方法在各省电力市场中也有所差异，本节中，虚拟电厂或负荷聚合商可通过参与日前需求响应项目获取补偿收入。参考浙江需求响应市场的规则设计，本节削峰日前需求响应的补贴办法按照响应出清价格及有效响应电量执行；填谷日前需求响应的补贴价格按照 1.2 元/kWh 年度固定补贴单价执行。当在日内实施单次需求响应时，补偿收入计算公式如式（5-38）所示：

$$I_u^d = I_x^d + I_y^d \tag{5-38}$$

$$I_x^d = \sum_{\Delta F}^T \sum_{i=1}^I q_{d,\Delta F}^i \times P_{\Delta F}^d \tag{5-39}$$

$$I_y^d = \sum_{\Delta G}^T \sum_{i=1}^I q_{d,\Delta G}^i \times P_{\Delta G}^d \tag{5-40}$$

式中：I_u^d 为需求响应总收入；I_x^d 为经济型削峰需求响应补偿收入；I_y^d 为经济型填谷需求响应补偿收入；$q_{d,\Delta F}^i$ 为用户 i 在时段 t 的实际有效削峰需求响应电量；$P_{\Delta F}^d$ 为日前削峰需求响应出清价格；$q_{d,\Delta G}^i$ 为用户 i 在时段 t 的实际有效填谷需求响应电量；$P_{\Delta G}^d$ 为年度固定填谷需求响应补偿单价。

（3）需求响应利润分成。在虚拟电厂或负荷聚合商与用户签订的电价套餐模式中，总量分成套餐和基本保底套餐中包含用户调整负荷参与需求响应的激励方法。其中，总量分成套餐指用户根据响应量的占比与虚拟电厂或负荷聚合商进行需求响应收益的分成；基本保底套餐指用户只要参与需求响应，每单位响应电量都有固定保底收益。依据两类电价套餐，虚拟电厂或负荷聚合商最终分别可以获得的收益如下：

1）总量分成套餐。假设虚拟电厂或负荷聚合商与用户签订的需求响应收入分成系数为 ψ，则虚拟电厂或负荷聚合商最终的需求响应收益计算公式如式（5-41）所示：

$$
\begin{aligned}
R_z^d &= (1-\psi)I_u^d = (1-\psi) \times (I_x^d + I_y^d) \\
&= (1-\psi)\left(\sum_{\Delta F}^T \sum_{i=1}^I q_{d,\Delta F}^i \times P_{\Delta F}^d + \sum_{\Delta G}^T \sum_{i=1}^I q_{d,\Delta G}^i \times P_{\Delta G}^d \right)
\end{aligned}
\tag{5-41}
$$

式中：R_z^d 为虚拟电厂或负荷聚合商在总量分成模式中的收益；ψ 为用户需求响应收入分成比例。

在总量分成套餐中，用户 i 获得的需求响应收益记作 K_d^i，计算公式如式（5-42）所示：

$$
K_{z,d}^i = \psi \left(I_x^d \frac{\sum_{\Delta F}^T q_{d,\Delta F}^i}{\sum_{\Delta F}^T \sum_{i=1}^I q_{d,\Delta F}^i} + I_y^d \frac{\sum_{\Delta G}^T q_{d,\Delta G}^i}{\sum_{\Delta G}^T \sum_{i=1}^I q_{d,\Delta G}^i} \right)
\tag{5-42}
$$

式中：$K_{z,d}^i$ 为总量分成套餐中用户 i 获得的需求响应收益。

2）基本保底套餐。假设虚拟电厂或负荷聚合商约定需求响应单位电量应给用户的奖励为 ζ（元/kWh），则虚拟电厂或负荷聚合商最终的需求响应利润计算公式如式（5-43）所示：

$$R_j^d = I_u^d - \zeta \left(\sum_{\Delta F}^{T} \sum_{i=1}^{I} q_{d,\Delta F}^i + \sum_{\Delta G}^{T} \sum_{i=1}^{I} q_{d,\Delta G}^i \right) \tag{5-43}$$

式中：R_j^d 为虚拟电厂或负荷聚合商基本保底套餐可得收益。

在基本保底套餐中，用户 i 获得的需求响应收益记作 $K_{j,d}^i$，计算公式如式（5-44）所示：

$$K_{j,d}^i = \zeta \left(\sum_{\Delta F}^{T} q_{d,\Delta F}^i + \sum_{\Delta G}^{T} q_{d,\Delta G}^i \right) \tag{5-44}$$

式中：$K_{j,d}^i$ 为基本保底套餐中用户 i 获得的需求响应收益。

5.3.2.5 偏差电费考核费用分析

虚拟电厂或负荷聚合商作为聚合用户负荷参与需求响应和电能量竞价的主体方，在聚合多个用户的负荷促进偏差电量对冲的同时，也相应承担了偏差考核的风险。偏差考核作为影响购售电双方利润的一个重要因素，需要被充分考虑。虚拟电厂或负荷聚合商通过与用户签订计及偏差考核结算和惩罚模式的电力套餐，将考核风险进行转移及分摊，从而降低各方的考核费用和考核风险。

在与用户签约前，虚拟电厂或负荷聚合商常通过建立多维度的用户评估模型，运用量化指标对用户的发展价值、经济价值、信用价值、安全价值等层级进行评估，以此为考核要素决定是否签约。在电力市场中，为了吸引更多的优质用户加入，虚拟电厂或负荷聚合商常常通过全额承担偏差考核的方式来进行宣传。一方面，这种方式使得签约用户量得到一定的增长；另一方面，偏差考核导致的巨大风险以及利润缺失常常会使虚拟电厂或负荷聚合商得不偿失。因此，除了明确电力交易中心对虚拟电厂或负荷聚合商的偏差电费收取标准、考核标准外，虚拟电厂或负荷聚合商也应在合约中明晰其对合约用户偏差电量的考核标准。

本节将从虚拟电厂或负荷聚合商（市场侧）偏差电费、偏差考核费用的收取标准，以及合约用户（用户侧）偏差电费、偏差考核费用的合约标准两方面进行阐述，为下一步模型研究拟定偏差费用及考核标准。

（1）市场侧。

1）偏差电费的结算模式。在实际用电过程中，用户在购售合同中签订的用量与实际会存在一定的偏差，针对月结算例日中偏差电费的收取和返还，各省区出台了各自的结算标准。为保障偏差电费能反映用电时段的电能量价格，偏差电量的计算方式通常采用分时段计算。

通常，市场将超出各时段合同电量的部分计为超用电量，少于各时段合同电量的部分计为少用电量。那么总超用电量电费应表示为各时段超用电量电费之和，总少用电量电费应表示为各时段少用电量电费之和。电力零售商的各时段实际用电量为其合约用户各时段用电量之和。

电网企业每日测算批发市场大用户 96 点用电信息，每月按照结算例日进行电能电费结算。因此，假设电力零售商代理的用户 i 各时段实际用电量记为 $q_{d,t}^i$，代表用户 i 在第 d 天 t 时段的实际用电量；并假设电力零售商在年度双边交易市场和月度集中交易市场为其购买的电量分解到相应时段记为 $Q_{d,t}^i$，代表用户 i 在第 d 天 t 时段的计划用电量。则该时段该用户的偏差电量（$\Delta q_{d,t}^i$）可以表示为式（5-45）：

$$\Delta q_{d,t}^i = q_{d,t}^i - Q_{d,t}^i \qquad (5\text{-}45)$$

该时段合约用户的总偏差电量（$\Delta Q_{d,t}^i$）可以表示为式（5-46）：

$$\Delta Q_{d,t}^i = \sum_{i=1}^I \Delta q_{d,t}^i = \sum_{i=1}^I (q_{d,t}^i - Q_{d,t}^i) \qquad (5\text{-}46)$$

当 $\Delta Q_{d,t}^i > 0$ 时，偏差电量表现为正偏差电量（$\Delta Q_{d,t}^+$），主管部门通常在月例日进行偏差电量电费的结算，且采用目录电价结算方式。在计算短时期内的正偏差电量电费时，虚拟电厂或负荷聚合商应缴纳的偏差电量电费可以表示为式（5-47）：

$$C_p^d = \sum_{i=1}^I (\Delta Q_{d,t}^+ \times P_{E,t}) = \sum_{t=0}^T \left[\sum_{i=1}^I (q_{d,t}^i - Q_{d,t}^i) \times P_{E,t} \right], \ \Delta Q_{d,t}^i > 0 \qquad (5\text{-}47)$$

式中：C_p^d 为虚拟电厂或负荷聚合商在第 d 日应缴的正偏差电量电费；$\Delta Q_{d,t}^+$ 为虚拟电厂或负荷聚合商 t 时段总正偏差电量；$P_{E,t}$ 为 t 时段电价；$q_{d,t}^i$ 为用户 i 在第 d 天 t 时段的实际用电量；$Q_{d,t}^i$ 为用户 i 在第 d 天 t 时段的计划用电量；$\Delta Q_{d,t}^i$ 为第 d 天 t 时段的合约用户的总偏差电量；$\Delta Q_{d,t}^i$ 为用户 i 在第 d 天 t 时段的偏差电量。

当 $\Delta Q_{d,t}^i < 0$ 时，偏差电量表现为负偏差电量（$\Delta Q_{d,t}^-$），在结算电量电费时，结算方会对未使用的电量进行一定的电费返还。通常，虚拟电厂或负荷聚合商偏差少用电量部分按照式（5-48）价格分时段结算：

$$P_{e,t} = P_{E,t} \times U_1 \qquad (5\text{-}48)$$

式中：$P_{e,t}$ 为少用电量分时段结算价格；U_1 为调节系数（$U_1 \leqslant 1$）。

因此，虚拟电厂或负荷聚合商应被返还的偏差电量电费如式（5-49）所示：

$$R_f^d = \sum_{t=0}^{T} (\Delta Q_{d,t}^- \times P_{e,t}) = \sum_{t=0}^{T} \left[\sum_{i=1}^{I} (q_{d,t}^i - Q_{d,t}^i) \times P_{E,t} \times U_1 \right], \Delta Q_{d,t}^i < 0 \quad (5\text{-}49)$$

式中：R_f^d 为虚拟电厂或负荷聚合商在第 d 日应返还的负偏差电量电费；$\Delta Q_{d,t}^-$ 为虚拟电厂或负荷聚合商 t 时段总负偏差电量。

2）偏差考核费用。除规定虚拟电厂或负荷聚合商应缴纳、返还的偏差电量电费之外，各省主管部门均针对最终电量结算结果产生的用电偏差制定了相应的考核和惩罚规则。根据历史经验和测算值，各地均规定了偏差考核的免考核范围及考核费用标准。

依据各省市区的考核标准，可设定虚拟电厂或负荷聚合商的考核标准如下：采用按月考核的清算方式，免考核范围为 $\pm\alpha$，超出 α 以外的偏差考核费用计算公式为：市场化偏差考核费用（零售商侧）=市场化偏差考核电量×年度双边协商交易电厂侧加权平均成交价格×20%。

由于本节拟构建虚拟电厂或负荷聚合商零售定价模型，确定虚拟电厂或负荷聚合商的偏差电量 ΔQ_d，表示为用户短时段内实际用电量与合同分解用量的差值，如式（5-50）~式（5-52）所示：

$$q_d = \sum_{i=1}^{I} \sum_{t=0}^{T} q_{d,t}^i \quad (5\text{-}50)$$

$$Q_d = \sum_{i=1}^{I} \sum_{t=0}^{T} Q_{d,t}^i \quad (5\text{-}51)$$

$$\Delta Q_d = q_d - Q_d = \sum_{i=1}^{I} \sum_{t=0}^{T} q_{d,t}^i - \sum_{i=1}^{I} \sum_{t=0}^{T} Q_{d,t}^i \quad (5\text{-}52)$$

其中，虚拟电厂或负荷聚合商需要被考核的电量为：

$$Q_{f-}^d = |\Delta Q_d| - Q_f^d \quad (5\text{-}53)$$

$$Q_f^d = \alpha Q_d \quad (5\text{-}54)$$

式（5-50）~式（5-54）中：q_d 为用户侧的实际用量；ΔQ_d 为用户侧的偏差电量；Q_d 为用户侧的计划电量；Q_{f-}^d 为虚拟电厂或负荷聚合商应被考核电量；Q_f^d 为虚拟电厂或负荷聚合商免考核电量；α 为免考核系数。

因此，主管部门对于虚拟电厂或负荷聚合商的考核费用应表示为式（5-55）：

$$C_k^d = Q_{f-}^d \times \bar{P}_{ns} \times 20\% \quad (5\text{-}55)$$

式中：C_k^d 为虚拟电厂或负荷聚合商在第 d 日应缴的偏差考核费用；$\bar{P}_{ns}$ 为年度双边协商交易电厂侧加权平均成交价格。

（2）用户侧。

1）偏差电费的结算模式。在零售市场售电收入分析一节中，对零售用户应缴纳的电费进行了分析。在实际的用电情境中，虚拟电厂或负荷聚合商所缴纳和返还的偏差电费与用户结算电费往往会有差异。考虑到虚拟电厂或负荷聚合商所计算的 t 时段偏差电量为其合约用户偏差电量的和，在用户的不同用电曲线叠加下，不同时段叠加计算的偏差电量较单一用户计算的偏差电量会有一定程度的减少，对于虚拟电厂或负荷聚合商而言表现为偏差电费结算成本降低。因此，考虑到让利用户提升用户黏性的需要，对于用户侧偏差电量的结算价格保持与套餐价格一致，即用户超用电费按照其对应电价套餐进行结算，与合约电量相比较少用的电量电费不予收取。

2）偏差考核费用。用户在优惠条件下不倾向于收缩偏差电量，为防止虚拟电厂或负荷聚合商因偏差电量电费和偏差考核费用造成利润大额损失，在电价合约内，对合约用户的偏差费用惩罚会相应加大。

假设虚拟电厂或负荷聚合商设定的用户免考核范围为 $\pm\beta$，那么用户 i 应被考核电量 $q_{d,f-}^i$ 可以表示为式（5-56）～式（5-59）：

$$\Delta q_d^i = \sum_{t=0}^{T} q_{d,t}^i - \sum_{t=0}^{T} Q_{d,t}^i \tag{5-56}$$

$$q_{d,f}^i = \beta \times Q_d^i \tag{5-57}$$

$$Q_d^i = \sum_{t=0}^{T} Q_{d,t}^i \tag{5-58}$$

$$q_{d,f-}^i = \left| \Delta q_d^i \right| - q_{d,f}^i = \left| \sum_{t=0}^{T} q_{d,t}^i - \sum_{t=0}^{T} Q_{d,t}^i \right| - \beta \times \sum_{t=0}^{T} Q_{d,t}^i \tag{5-59}$$

式中：Δq_d^i 为用户 i 的偏差电量；$q_{d,f-}^i$ 为用户 i 在第 d 日的应被考核电量；$q_{d,f}^i$ 为用户 i 在第 d 日的免考核电量；β 为用户免考核范围。

同时，明确合约用户的考核采用按月考核的清算方式，免考核范围为 $\pm\beta$，超出 β 的偏差考核费用计算公式为：市场化偏差考核费用（用户侧）＝市场化偏差考核电量×年度双边协商交易电厂侧平均成交价格×25%。

因此，虚拟电厂或负荷聚合商应收取的用户偏差考核费用如式（5-60）所示：

$$R_k^d = \sum_{t=0}^{T} (q_{d,f-}^i \times \bar{P}_{ns} \times 25\%) \tag{5-60}$$

式中：R_k^d 为虚拟电厂或负荷聚合商在第 d 日应收取的用户侧偏差考核费用。

5.3.3 基于需求响应的零售套餐定价模型

5.3.3.1 优化变量

零售套餐定价优化模型的优化变量为不同类型用户群体的分时电价水平，表达式如式（5-61）所示：

$$p_{x,t}^{i} = \begin{cases} p_{x,F}^{i}, & t \in T_{F,i} \\ p_{x,P}^{i}, & t \in T_{P,i} \\ p_{x,G}^{i}, & t \in T_{G,i} \end{cases} \tag{5-61}$$

式中：$p_{x,t}^{i}$ 为在套餐 x 中用户 i 在 t 时段的分时价格；$p_{x,F}^{i}$ 为在套餐 x 中用户 i 的峰时段价格；$p_{x,P}^{i}$ 为在套餐 x 中用户 i 的平时段价格；$p_{x,G}^{i}$ 为在套餐 x 中用户 i 谷时段价格。

5.3.3.2 优化目标函数

零售套餐定价优化模型的目标函数为虚拟电厂或负荷聚合商响应日的收益最大化，收入包括零售市场售电收入、偏差电费返还收入、偏差电量考核收入，费用包括批发市场购电费用、营销与管理支出费用、偏差电费及偏差考核费用。

其中，零售市场售电收入为不同时段用户用电量与零售电价的乘积之和，偏差电费返还收入为不同时段负偏差电量和返还电价的乘积之和，偏差电量考核收入为用户被考核电量与惩罚单价的乘积之和，需求响应收入为虚拟电厂或负荷聚合商用户负荷参与需求响应的分成收入；批发市场购电费用为购入电量和购入电价的乘积之和，营销与管理支出费用为虚拟电厂或负荷聚合商的固定管理成本支出，应缴偏差电费为正偏差电量与偏差电价的乘积和，偏差考核费用为虚拟电厂或负荷聚合商接收市场侧偏差考核的应缴费用。

基于需求响应的两种零售套餐模式，模型的优化目标可以分成以下两类分别进行优化计算。

（1）总量分成零售套餐优化目标：

$$\max L_z^d = I_s^d + I_c^d + R_f^d + R_k^d - C_g^d - C_p^d - C_k^d - C_m^d - C_c^d + R_z^d \tag{5-62}$$

（2）基本保底零售套餐优化目标：

$$\max L_j^d = I_s^d + I_c^d + R_f^d + R_k^d - C_g^d - C_p^d - C_k^d - C_m^d - C_c^d + R_j^d \tag{5-63}$$

两类套餐中大部分项目的计算方式一致，只需要变动需求响应收入的计算方法。其中主要收支的表达式和参数含义在 5.3.2 内进行了详细分析，现仅将计算式罗列，如式（5-64）～式（5-76）所示：

$$I_s^d = \sum_{i=1}^{I} \sum_{t=0}^{T} (p_{x,t}^i \times q_{d,t}^i) \tag{5-64}$$

$$I_c^d = \frac{l_b \times p_b}{30} \tag{5-65}$$

$$R_f^d = \sum_{t=0}^{T} \left[\sum_{i=1}^{I} (q_{d,t}^i - Q_{d,t}^i) \times P_{E,t} \times U_1 \right], \Delta Q_{d,t}^i < 0 \tag{5-66}$$

$$R_k^d = \sum_{i=1}^{I} q_{d,f-}^i \times \overline{P}_{ns} \times 25\% \tag{5-67}$$

$$C_g^d = P_{c,t}^n \times \sum_{i=1}^{I} \sum_{t=1}^{T} Q_{d,t}^{n(i)} + P_{c,t}^y \times \sum_{i=1}^{I} \sum_{t=1}^{T} Q_{d,t}^{y(i)} \tag{5-68}$$

$$C_p^d = \sum_{t=0}^{T} \left[\sum_{i=1}^{I} (q_{d,t}^i - Q_{d,t}^i) \times P_{E,t} \right], \Delta Q_{d,t}^i > 0 \tag{5-69}$$

$$C_k^d = Q_{f-}^d \times \overline{P}_{ns} \times 20\% \tag{5-70}$$

$$C_m^d = (\rho K / 180) \tag{5-71}$$

$$C_c^d = \frac{l_b \times p_b}{30} \tag{5-72}$$

$$R_z^d = (1-\psi) \left(\sum_{\Delta F}^{T} \sum_{i=1}^{I} q_{d,\Delta F}^i \times P_{\Delta F}^d + \sum_{\Delta G}^{T} \sum_{i=1}^{I} q_{d,\Delta G}^i \times P_{\Delta G}^d \right) \tag{5-73}$$

$$R_j^d = I_u^d - \zeta \left(\sum_{\Delta F}^{T} \sum_{i=1}^{I} q_{d,\Delta F}^i + \sum_{\Delta G}^{T} \sum_{i=1}^{I} q_{d,\Delta G}^i \right) \tag{5-74}$$

$$q_{d,t}^i = \overline{q}_{d,t}^i \left[\sum_{\Delta F}^{T} \left(\varepsilon_{t,j}^i \frac{p_{x,j}^i}{\overline{p}_{x,j}^i} \right) - \sum_{\Delta F}^{T} \varepsilon_{t,j}^i + 1 \right], t, j \in F, P, G \tag{5-75}$$

$$q_{d,t}^i = \overline{q}_{d,t}^i \times \frac{q_{d,T}^i}{\overline{q}_{d,T}^i}, T = F, P, G \tag{5-76}$$

式（5-62）～式（5-76）中：$L_x^d(x=z,j)$ 为两类套餐中电力零售商的利润；I_s^d 为虚拟电厂或负荷聚合商的售电收入；I_c^d 为虚拟电厂或负荷聚合商应收容量电费；R_f^d 为虚拟电厂或负荷聚合商少用电费返还数额；R_k^d 为用户侧偏差考核费用；C_g^d 为虚拟电厂或负荷聚合商的购电成本；C_p^d 为虚拟电厂或负荷聚合商应缴正偏差电量电费；C_k^d 为虚拟电厂或负荷聚合商应缴的偏差考核费用；C_m^d 为虚拟电厂或负荷聚合商营销及管理成本；C_c^d 为虚拟电厂或负荷聚合商应缴容量电费；R_z^d 为虚拟电厂或负荷聚合商在总量分成套餐中的收益；R_j^d 为虚拟电厂或负荷聚合商在基本保底套餐中的收益；$p_{x,t}^i$ 为在套餐 x 中用户 i 在 t 时段的分时价格；$q_{d,t}^i$ 为用户 i 第 d 天 t 时段的实时电量；$Q_{d,t}^i$ 为用户 i 第 d 天 t 时段的计划电量；$\varepsilon_{t,j}^i$ 为用户 i 电力需求弹性矩阵 E^i 中的系数；$\bar{q}_{d,t}^i$ 为执行分时电价前用户 i 的套餐电价。

5.3.3.3 约束条件

售电套餐定价优化模型的约束条件包括分时电价、用户效能、用电量、并网容量约束、非负约束和零售限价约束。

（1）分时电价约束。为促进园区削峰填谷，用户群峰平谷时段的分时电价按比例递减，且一般工商业的分时电价高于大工业，高于居民电价。因此，分时电价约束表示为式（5-77）：

$$
\begin{aligned}
&p_{x,F}^i \geqslant p_{x,P}^i(1+\theta) \geqslant p_{x,G}^i(1+\sigma) \\
&p_{x,F}^s > p_{x,F}^g > p_{x,F}^j \\
&p_{x,P}^s > p_{x,P}^g > p_{x,P}^j \\
&p_{x,G}^s > p_{x,G}^g > p_{x,G}^j
\end{aligned}
\tag{5-77}
$$

式中：θ 为平时电价的削减比例；σ 为谷时电价的削减比例；$p_{x,t}^i(t=F,P,G)$ 为电价套餐 x 内用户 i 的分时价格。

（2）用户效能约束。在实施分时电价之后，用户效能应有所提升，表现为用户执行分时电价后用电的平均电价应低于实施固定单价时的平均电价。

$$
\frac{\sum\limits_{t=0}^{T}(\bar{q}_{d,t}^i \times \bar{p}_{x,n}^i)}{\sum\limits_{t=0}^{T}\bar{q}_{d,t}^i} \geqslant \frac{\sum\limits_{t=0}^{T}(q_{d,t}^i \times p_{x,t}^i)}{\sum\limits_{t=0}^{T}q_{d,t}^i}
\tag{5-78}
$$

（3）用电量约束。为保障园区用电需求，执行园区分时电价后，园区日用电量变化幅度不大。

$$
-\gamma\sum_{i=1}^{I}\sum_{t=1}^{T}\bar{q}_{d,t}^i \geqslant \sum_{i=1}^{I}\sum_{t=1}^{T}(q_{d,t}^i - \bar{q}_{d,t}^i) \geqslant \gamma\sum_{i=1}^{I}\sum_{t=1}^{T}\bar{q}_{d,t}^i
\tag{5-79}
$$

式中：γ 为日用电量变化率。

（4）并网容量约束。园区并网点负荷为园区实时用电负荷，其应小于并网点变压器容量。

$$
-c_b \geqslant \sum_{i=1}^{I}q_{d,t}^i \geqslant c_b
\tag{5-80}
$$

式中：c_b 为并网点变压器容量。

（5）非负约束。

$$p_{x,P}^{i} \geqslant 0$$
$$p_{x,F}^{i} \geqslant 0$$
$$p_{x,V}^{i} \geqslant 0 \qquad (5-81)$$
$$p_{d,t}^{i} \geqslant 0$$

（6）零售限价约束。零售电价受到监管部门的约束，主管部门会对零售电价出台最高限价。

$$p_{x,t}^{i} \leqslant p^{u} \qquad (5-82)$$

式中：p^{u} 为零售电价上限价。

5.3.3.4　求解方法

上述模型中的决策变量为分时段用户群的零售电价，式（5-61）为上述变量的计算式表达，优化目标式（5-62）、式（5-63），式（5-64）~式（5-76）为关于优化目标的计算表达式，该模型为混合非整数线性规划问题，可以使用目前已广泛应用的 CPLEX 优化工具对其进行求解。

5.4　算　例　分　析

以某城市综合园区为主要研究对象，本节对前文构建的零售套餐定价模型展开算例分析。通过考虑电网侧负荷特性和用户侧负荷特性的不同时段划分方案，对两类套餐下的两类方案分别进行模型计算，最终得出两类方案的仿真优化结果，并对其进行对比分析，得出一定结论。

5.4.1　数据基础及参数设置

5.4.1.1　算例概况

下面以我国某城市的综合园区内主要用户为研究对象，验证模型的可行性。园区内并网点的电压等级为 35kV，变压器容量为 3150kVA；园区用户的用电负荷数据采集自文献，为全面考虑多种场景并减少计算量，对场景进行一定的缩减，对不同季节及工作日场景的数据加权平均处理，处理后园区内四类用户群用电日负荷曲线如图 5-26 所示。

由用户负荷聚合形成的园区典型日负荷曲线如图 5-27 所示，由图可知园区日内负荷峰谷差较大。

依据不同用户的典型日负荷曲线特性，将园区用户分为四类用户群。

四类用户群的用电特征分析如下：

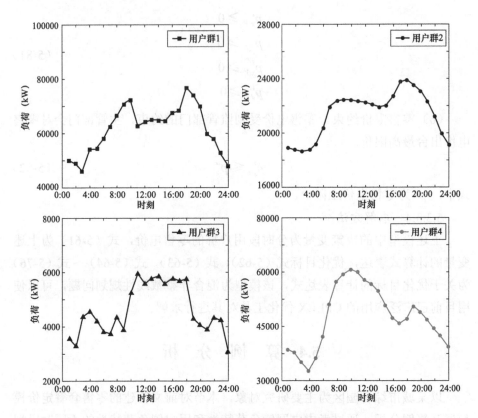

图 5-26　园区用户群典型日负荷曲线

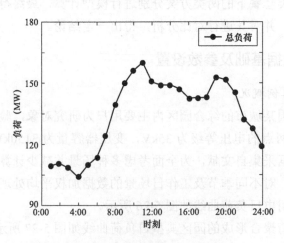

图 5-27　园区典型日负荷曲线

（1）用户群 1。用户群 1 由一些非连续性生产型工业用户组成，白天（9:00～20:00）用电负荷大，其余时段用电负荷小，日内出现两个高峰，不同时段弹性系数差异大，峰时段负荷削减和转移能力强，其余时段响应弹性适中。用户群 1 为白天用电，高峰时段响应能力强的敏感性用户。

（2）用户群 2。用户群 2 由一些具有可中断负荷的连续生产型工业用户组成，全天用电负荷较为稳定，不同时段负荷分布较均匀，负荷波动性小，日内出现短时中高峰。因行业性质，各时段负荷削减能力较强，转移能力较弱。用户群 2 为连续平稳用电、响应能力一般的用户群。

（3）用户群 3。用户群 3 由一些营业性质的商业用户组成，白天（10:00～18:00）用电负荷大，日内负荷波动较大，出现长时段用电高峰。用户群 3 在峰、平时期响应能力较强，在谷时段响应能力较弱，用户群 3 是在中午和下午时段用电、夜间响应程度小的较不敏感用户群。

（4）用户群 4。用户群 4 由一些居民楼宇组成，中午和晚上为主要用电时段，日内负荷波动较大，出现两个小高峰。用户群 4 负荷响应削减能力强，转移能力弱，是中午和夜间用电、上午和下午响应程度小的较不敏感用户群。

在执行需求响应的分时电价套餐之前，园区用户执行固定销售电价，电价水平见表 5-6。

表 5-6　　　　　　　　一般用户固定销售单价　　　　（单位：元/kWh）

用户种类	固定销售单价
工业用户	0.654
一般工商业用户	0.787
居民用户	0.503

5.4.1.2　时段划分

本节将在两类不同的时段划分方案下进行基于需求响应的定价模型计算和优化结果比较分析。

（1）考虑电网侧负荷特性的时段划分方案。根据电力系统中日用电时段的用电特征，对峰荷、平荷、谷荷的时段进行划分，依据该种时段划分方案，优化模型的计算结果，主要考虑对电网侧的综合日负荷曲线起到一定影响效果。在电网侧负荷时段划分方案下（以下简称"方案一"），分时时段和优化变量见表 5-7。

表 5-7　　　　　　依据电网侧负荷特性的时段划分方案及优化变量

时段	时段时间	优化变量（元/kWh）
峰	8:00～11:00；16:00～21:00	$p_{x,P}^{i}(i \in I)$
平	7:00～8:00；11:00～16:00；21:00～23:00	$p_{x,P}^{i}(i \in I)$
谷	23:00～次日 7:00	$p_{x,G}^{i}(i \in I)$

注　$p_{x,t}^{i}(t \in F, P, G)$ 是不同用户群在方案一下的分时段电价优化变量。

（2）考虑用户侧负荷特性的时段划分结果。该时段划分方案充分考虑不同用户的用电负荷曲线特征，根据用户的用电特征，对相应用户群峰荷、平荷、谷荷的时段进行划分。

考虑到在同一时段下，各类用户群对电价的响应程度是不同的。与此同时，不同用户群用电时段的划分方案与全社会用电时段划分方案、电网侧需求响应实施时段方案不同，通过对不同用户实施个性化的分时定价方法，可以在降低其自身峰谷差率的同时对聚合而成的负荷曲线形成一定的削峰填谷作用。因此可以在考虑用户侧负荷特性的分时方案基础上，研究其对聚合曲线具体的影响效果，以及虚拟电厂在该种方案下的具体收益。在用户侧负荷时段划分方案下（以下简称"方案二"），分时时段和优化变量见表 5-8。

其中，用户群的时段划分方案依据 5.4.1.1 节算例概况中用户群日内负荷特征得出。

表 5-8　　　　　　依据用户侧负荷特性的时段划分方案及优化变量

时段	峰	平	谷	优化变量
用户群 1	8:00～11:00 16:00～21:00	7:00～8:00 11:00～16:00 21:00～23:00	23:00～7:00	$p_{x,t}^{1}(t \in F, P, G)$
用户群 2	17:00～21:00	6:00～17:00 21:00～23:00	23:00～6:00	$p_{x,t}^{2}(t \in F, P, G)$
用户群 3	10:00～19:00	3:00～6:00 8:00～10:00 19:00～24:00	0:00～3:00 6:00～8:00	$p_{x,t}^{3}(t \in F, P, G)$
用户群 4	8:00～16:00 19:00～21:00	6:00～8:00 16:00～19:00 21:00～24:00	0:00～6:00	$p_{x,t}^{4}(t \in F, P, G)$

5.4.1.3　参数设置

（1）批发市场购电参数。用户分时购电量，即计划电量依照用户典型日负荷的近似整数值进行设置，其中年度市场购电电价、月度市场平均购电电价见表 5-9，35kV 大工业用户变压器容量电价按照 32［元/（kVA・月）］进行收取。

表 5-9　　　　　　　　　　批发市场平均购电单价　　　　　　（单位：元/kWh）

市场种类	平均购电单价
年度市场	0.5037
月度市场	0.5142

（2）营销与管理参数。虚拟电厂推行 6 种电价套餐，每种套餐的营销与管理产生的平均费用为 18 万元。

（3）需求响应参数。用户经调整后的基线负荷通常由电网方计算给定，本文在各类用户平均日负荷的基础上对基线负荷进行调整，将调整后的基线负荷作为核定值。假设实施需求响应日前削峰需求响应出清价格为 2.5 元/kWh，填谷需求响应固定补偿单价为 1.2 元/kWh，总量分成套餐中用户需求响应收入分成比例 ψ 为 0.8，需求响应单位电量应给用户的奖励 ζ 为 2.3 元，电网侧削峰填谷响应时段为 8:00～21:00，主要实施项目为经济性削峰项目。

（4）偏差考核参数。零售侧多用电量依照目录电价进行结算，少用电量依照调节后的目录电价进行返还，本节设定目录电价见表 5-10，并规定调节系数 U_1 为 0.8，售电企业侧免考核范围 $\pm\alpha$ 为 $\pm5\%$，用户侧免考核范围 $\pm\beta$ 为 $\pm6\%$，年度双边协商交易电厂侧加权平均成交价格 $\overline{P}_{ns}$ 为 0.436 元/kWh。

表 5-10　　　　　　　　　　目　录　电　价　　　　　　　（单位：元/kWh）

时段	购电单价
峰时段	0.930
平时段	0.620
谷时段	0.372

（5）需求价格弹性系数。由于不同行业的用电需求具有不确定性和随机性，因此，不同类型用户受电价影响的用电行为模式也有所不同。考虑到用户负荷特性和需求响应特性，设定四类用户群的需求价格弹性系数见表 5-11。

表 5-11　　　　　　　　　　不同时段电价的弹性系数

用户	时段	峰	平	谷
用户群 1	峰	−0.15	0.13	0.23
	平	0.13	−0.15	0.13
	谷	0.23	0.13	−0.15
用户群 2	峰	−0.24	0.12	0.15
	平	0.12	−0.18	0.11
	谷	0.15	0.11	−0.22
用户群 3	峰	−0.1	0.16	0.12
	平	0.16	−0.08	0.06
	谷	0.12	0.06	−0.06
用户群 4	峰	−0.15	0.03	0.06
	平	0.03	−0.15	0.02
	谷	0.06	0.02	−0.15

（6）约束条件参数。本节设定平时电价的削减比例 θ 为 30%，谷时电价的削减比例 σ 为 60%，日用电量变化率 γ 为 10%，零售电价上限价 p^u 为 1.25 元/kWh。

5.4.2　仿真结果分析

5.4.2.1　方案一优化结果分析

经过优化模型计算，方案一中针对四类用户群的零售套餐定价水平见图 5-28 和表 5-12。

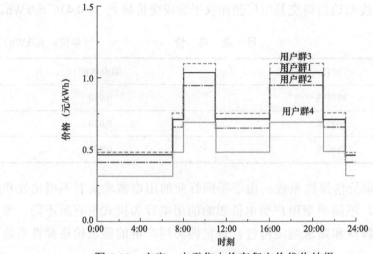

图 5-28　方案一中零售电价套餐定价优化结果

表 5-12 　　　　　方案一中零售电价套餐定价优化结果　　（单位：元/kWh）

用户种类	峰时段	平时段	谷时段
用户群 1	0.982	0.708	0.433
用户群 2	0.951	0.656	0.411
用户群 3	1.103	0.756	0.481
用户群 4	0.692	0.484	0.314

在该时段划分方案下，两类套餐计算出的零售定价水平一致，这是因为两类套餐的主要差别在于需求响应补偿收入分成方式不同，然而无论是虚拟电厂与用户约定分成合约，还是给予用户固定激励单价，都依赖于聚合负荷参与需求响应项目可以得到的总收入。由此说明，在可行域内搜索到使虚拟电厂总收入最优的优化解，同时使需求响应补偿收入总量最优，才会形成总量分成套餐和基本保底套餐优化一致的结果。

同时可以看出，优化模型计算得到的用户群 1 的总体电价水平高于用户群 2，这是因为用户群 1 的负荷特性和需求响应特性与用户群 2 相异，用户群 1 对于电价变动的敏感度较用户群 2 更低，需求价格自弹性系数较低，导致相同价差下其负荷削减和转移的比例低于用户群 2。因此，当模型的优化目标是最大化利润时，势必会导致用户群 1 零售定价较高，因为这可以使虚拟电厂获得较大的价差利润和相对固定的需求响应收益。

同时，经优化模型计算后的园区及用户实施需求响应后的用电负荷对比情况如图 5-29、图 5-30 所示。

从负荷曲线的对比中可以看出，在该方案下，园区及用户的用能曲线是响应电网侧高峰时段进行负荷的削减和转移的。在实施分时电价之后，用户群 1 由于自身用能特性与大电网侧相仿，因此其响应方向既能优化自身负荷曲线，降低峰谷差率，还能为大电网侧的曲线优化起到作用。其他三类用户由于自身负荷特性与大电网侧有一定差异，按照电网侧的用电时段对其实施需求响应，不免会造成自身峰谷差加大的情况。但同时，通过方案一的响应方式，园区聚合侧用能曲线得到了一定优化，在合理降低峰谷差率的同时提升了供能的可靠性。

对实施需求响应分时套餐前后的园区日用电负荷指标进行统计分析，对比结果见表 5-13。

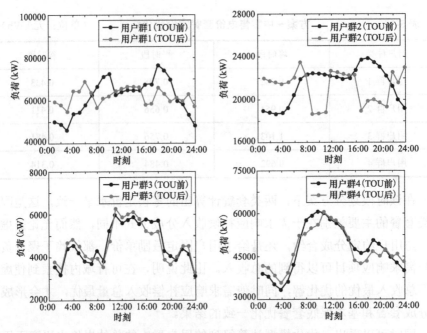

图 5-29　方案一中用户负荷曲线对比

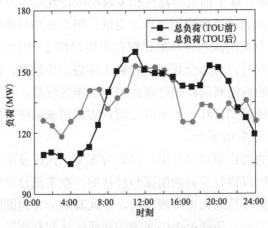

图 5-30　方案一中总负荷曲线对比

表 5-13　　　　　　　　　　园区日用电负荷指标对比

负荷特征	初始值	方案一
三段平均用电量之比（峰:平:谷）	1202.65:1138.05:899.33	1054.96:1158.19:1026.47
日负荷峰谷差（kWh）	56167	34789
日总负荷（MWh）	3240.026	3239.6203

通过实施需求响应分时套餐，园区日负荷峰谷差有所下降，园区用能效

率得到提升。对实施零售分时电价后每一类用户群的用电负荷数据进行细化求解，可以得到聚合侧用户的日用电负荷指标，见表 5-14。

表 5-14　　　　　　　　园区用户群日用电负荷指标对比

用户种类	负荷特征指标	初始值	方案一
用户群 1	三段平均用电量之比（峰:平:谷）	5643.8:5005.3:4113.8	4838.1:5126:4896.6
	日负荷峰谷差（kWh）	30471.1	14099.96
	日总负荷（MWh）	1476.29	1486.07
用户群 2	三段平均用电量之比（峰:平:谷）	1840.2:1758.6:1536.3	1537.7:1781.7:1766.9
	日负荷峰谷差（kWh）	5249	4723
	日总负荷（MWh）	513.499	508.634
用户群 3	三段平均用电量之比（峰:平:谷）	3887.7:4049.5:3085.6	3525.6:4228.6:3299.1
	日负荷峰谷差（kWh）	2881	2932
	日总负荷（MWh）	110.228	110.532
用户群 4	三段平均用电量之比（峰:平:谷）	4153.8:4211.7:3034.7	3821.2:4251.3:3271.3
	日负荷峰谷差（kWh）	27785	25085
	日总负荷（MWh）	1140.012	1134.383

对比实施需求响应零售套餐前后的园区用电负荷特征和用户用电负荷特征，可以发现在实施需求响应零售电价套餐后，园区用户在峰时段的用电量明显减少，转而向平时段和谷时段转移，使得峰谷差由原来的 56.167MWh 减少至 34.789MWh。

依照需求价格弹性理论，由于实时用电量受到一定时间段内电价变动的影响，表现为交叉弹性系数，同时用户的可调节负荷也受到其用电设备、用电行为等的约束，因此峰时段向平、谷时段转移的部分会受到多种因素的影响，最终呈现出优化后的用户负荷特性指标结果。

同时，可以发现在四类用户的负荷统计指标中，大部分用户的日负荷峰谷差都得到了一定的削减，而用户群 3 的日负荷峰谷差却呈现上升态势，这是因为用户群 3 聚合的均为一般工商业用户，工商业用户负荷在中午至晚上大部分时期处于高峰时段，少部分时期处于平时段，当工商业用户受到价格激励对其负荷进行转移时，一般会将其柔性负荷转移至相近的平时段，因此导致峰谷差有一定的上升，优化模型输出的用户群 3 的 24h 分时段负荷量也很好地说明了这一点，由于用户群 3 聚合的用户较少，负荷总量相较于其他用户更低，因此没有对总用电曲线产生较大的影响。另一个原因是方案一所采用的是电网侧时段划分方案，并没有对用户的用电时段进行优化，这也是造成峰、谷差不减反升的一个重要原因。

5.4.2.2 方案二优化结果分析

经过优化模型计算，方案二中零售电价套餐定价优化结果见表 5-15，如图 5-31 所示。

表 5-15 　　　　　　　　方案二中零售电价套餐定价优化结果 　　　　（单位：元/kWh）

时段	用户群 1		用户群 2	
	时间	电价	时间	电价
峰	8:00～11:00 16:00～21:00 7:00～8:00	1.036	17:00～21:00	0.973
平	11:00～16:00 21:00～23:00	0.715	6:00～17:00 21:00～23:00	0.671
谷	23:00～7:00	0.463	23:00～6:00	0.421

时段	用户群 3		用户群 4	
	时间	电价	时间	电价
峰	10:00～19:00	1.028	8:00～16:00 19:00～21:00	0.649
平	3:00～6:00 8:00～10:00 19:00～24:00	0.704	6:00～8:00 16:00～19:00 21:00～24:00	0.454
谷	0:00～3:00 6:00～8:00	0.449	0:00～6:00	0.296

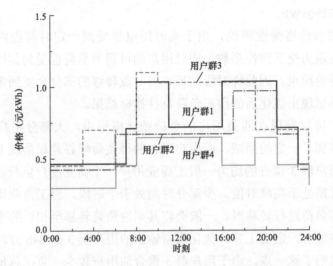

图 5-31　方案二中零售电价套餐定价优化结果

与方案一相同，方案二下两类套餐计算出的零售定价水平也是一致的，其原因与前文所述一致，由于在可行域内使得负荷聚合商总收入最优的优化解，同时也使得需求响应补偿收入总量最优，造成两类套餐求解出的价格优化变量是一致的。经优化模型计算后的园区及用户实施需求响应后的用电负荷对比情况如图 5-32 和图 5-33 所示。

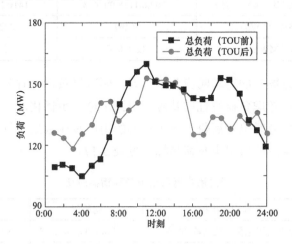

图 5-32　方案二中总负荷曲线对比

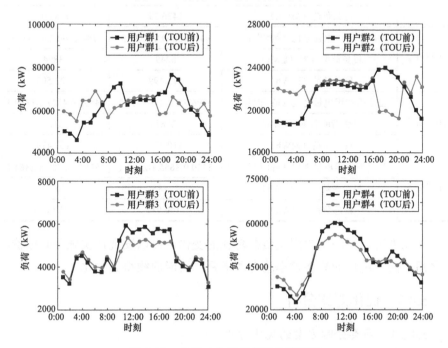

图 5-33　方案二中用户负荷曲线对比

对实施需求响应分时套餐前后的园区日用电负荷指标进行统计分析，对比结果见表 5-16。

表 5-16   园区日用电负荷指标对比

负荷特征	初始值	方案二
三段平均用电量之比（峰:平:谷）	1202.6:1138.0:899.3	1410.1:946.8:882.0
日负荷峰谷差（kWh）	56167	29236.16206
日总负荷（MWh）	3240.026	3238.872

通过实施方案二的需求响应分时套餐，园区日负荷峰谷差有所下降，而园区用能曲线在考虑负荷特性的基础上得到了进一步优化。

对实施零售分时电价后每一类用户群的用电负荷数据进行细化求解，可以得到聚合侧用户的日用电负荷指标，见表 5-17。

表 5-17   园区用户群日用电负荷指标对比

用户种类	负荷特征指标	初始值	方案二
用户群 1	三段平均用电量之比（峰:平:谷）	5643.8:5005.3:4113.8	4838.1:5126:4896.6
	日负荷峰谷差（kWh）	30471.1	14099.96
	日总负荷（MWh）	1476.29	1486.07
用户群 2	三段平均用电量之比（峰:平:谷）	941.9:2860.2:1332.9	784.2:2902.9:1538.9
	日负荷峰谷差（kWh）	5249	3894
	日总负荷（MWh）	513.499	522.503
用户群 3	三段平均用电量之比（峰:平:谷）	5096.5:4194.6:1731.7	4591.6:4327.2:1829.1
	日负荷峰谷差（kWh）	2881	2120
	日总负荷（MWh）	110.228	107.479
用户群 4	三段平均用电量之比（峰:平:谷）	5550.9:3655.1:2194.1	5154.2:3709.8:2364.2
	日负荷峰谷差（kWh）	27785	20931
	日总负荷（MWh）	1140.012	1122.819

对比方案二下的用户用电负荷特征的变化，可以发现在实施分时电价套餐之后，园区用户的峰谷差率均有所下降，用能曲线得到优化。

5.4.3 优化对比分析

5.4.3.1 两类分时方案的优化对比

对两类时段划分方案下的负荷曲线优化结果进行对比，如图 5-34 和图

5-35 所示。

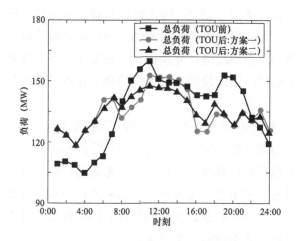

图 5-34 两类方案下总负荷曲线对比

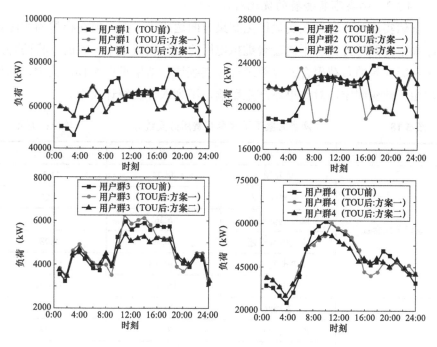

图 5-35 两类方案下用户负荷曲线对比

对比方案一和方案二中的园区总负荷曲线优化结果，可以发现方案一和方案二都对总负荷曲线的高峰负荷进行了一定削减，其中方案一由于考虑所有用户的响应时段都是为了优化电网侧负荷曲线，且案例中针对电网侧需求响应削峰填谷时段做出明确表示，因此方案一削峰力度更大，但由于其聚合用户负荷特性不一，有一些用户的高峰期反而是电网侧的平谷期，如图5-35所示的用户群3和用户群4，因此转移负荷之后其自身的高峰期负荷更高，因此方案一中聚合用户侧的负荷波动性和负荷峰谷差较方案二更大。方案二针对用户侧的负荷曲线进行分别优化，各类用户在自身负荷特性的基础上削峰填谷效果更佳，因此最后聚合而成的负荷在各时段的分布更为均匀，供电更为平稳。

由此可得，考虑电网侧负荷特性的时段划分方案在降低整体峰谷差率、减轻电网压力的同时，部分用户自身负荷特性与电网侧相异，这在一定程度上造成部分用户自身峰谷差可能拉大；考虑用户侧负荷特性的时段划分方案，由于分时时段采用个性化方式，可以降低用户自身峰谷差率，平抑用户侧的负荷波动，相应降低叠加曲线的峰谷差率，使负荷分布较为平均，但其对电网侧的削峰力度不如前一个方案。

5.4.3.2 两类零售套餐的优化对比

虽然实施两类套餐在变量优化结果方面达成了一致，但在模型的实际运行结果中，两种方案中不同套餐虚拟电厂的实际收益是不一致的。将两种方案中不同套餐的负荷聚合商收益进行分支统计，结果见表5-18。其中，部分费用由于数额固定，对结果不产生影响，不列入分支统计表中。

表 5-18 　　　　　　两类方案下不同套餐费用分支统计　　　　　（单位：万元）

套餐类别	具体项	方案一	方案二
总量分成套餐	总利润	44.35	43.28
	需求响应收入	7.38	7.05
	偏差电费支出	6.36	5.29
	偏差电费返还	10.79	8.98
	售电收入	196.15	196.15
	购电支出	163.01	163.01
基本保底套餐	总利润	39.92	39.04
	需求响应收入	2.95	2.82
	偏差电费支出	6.36	5.29
	偏差电费返还	10.79	8.98
	售电收入	196.15	196.15
	购电支出	163.01	163.01

在模型的实际运行过程中，虚拟电厂和用户都存在偏差用电量，然而本

节模型在约束条件内规定了园区日用电量变化率的幅度大小，使得模型优化结果趋于保证用户用电量的小范围变化。通过比较算例结果所呈现的用户实施套餐前后的日用电量，也可以发现用户的日用电量变化极其细微。因此，日偏差用电量在偏差考核的免考核范围内，虚拟电厂的考核费用收入及支出都表现为无。同时，由于大工业用户的容量电价由虚拟电厂收取并全额缴纳，因此容量费用也不统计在内。

表 5-18 中可以看出四种情况下售电收入均是相同的，这是因为模型的约束条件是用户效用不降低，即用户在实行零售套餐前的电费支出小于等于实行零售套餐后的电费支出。模型的优化目标是虚拟电厂收入最大化，因此模型的优化结果使每一类用户群的电费支出都近似等于其优化之前的电费支出，以保证在用户效能不降低的前提下虚拟电厂收益实现最大化，这也是四种情况下售电收入均一致的原因。

在算例的参数设置环节，总量分成套餐内约定与用户的分成比例是2:8，基本保底套餐内给予用户度电 2.3 元的经济激励，在日前需求响应度电出清价格设置在 2.5 元的前提下，总量分成套餐对于虚拟电厂显然是更为有利的，在具体收益条目的数值上也有所体现。

同时，总量分成套餐和基本保底套餐在参数设置合理时，也可以达到收益相同的效果，因为基本保底套餐中度电的经济激励与度电出清价格之比，在数学含义上即为总量分成套餐内约定与用户的分成比例。当然，在实际的电力市场中，签订总量分成套餐或基本保底套餐往往取决于用户承担风险的能力。由于每一次度电出清价格都是不确定的，因此对于想通过需求响应获得高额回报的用户，会倾向于签订总量分成套餐。这样做的意义在于一旦度电出清价格较高，很有可能获得比基本保底套餐更高的收益；而追求稳健收益的用户则会选择基本保底套餐，因为只要有响应电量，就能获得响应电量对应的经济收益，当度电出清价格较低时，也能保证其固定收益，甚至有时会比总量分成套餐更为优越。售电企业在制定两类套餐的分成比例与度电经济激励时，可以计算不同出清价格下的收益均衡价格，从而为制定收益的风险控制策略提供必要支撑，如图 5-36 所示。

此外，本节在设置模型时，拟定用户群对于套餐的选择是一致的，方便进行对比分析。然而在实际生活中，用户往往会根据自身用电行为进行选择，因而可以对算例进行敏感性分析，模拟多种用户选择方式下虚拟电厂的实际利润，算例结果见表 5-19。

表 5-19 罗列了基于用户群套餐选择的 8 个不同场景下虚拟电厂的利润，

可以看出，当处于场景二时，虚拟电厂利润可以达到最大化，当处于场景七时，虚拟电厂利润最小。因此，在实际应用中，虚拟电厂可以对不同用户自主选择情况下的收益进行测算评析，为制定零售电价套餐提供决策依据。

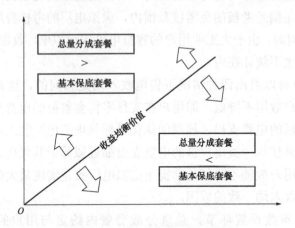

图 5-36　两类零售套餐收益比较

表 5-19　　　　　　**基于用户套餐自主选择的敏感性分析**　　　　（单位：万元）

场景	用户	总量分成	基本保底	虚拟电厂收益
场景一	用户群 1		√	
	用户群 2		√	410262.6183
	用户群 3	√		
	用户群 4	√		
场景二	用户群 1	√		
	用户群 2	√		432441.7341
	用户群 3		√	
	用户群 4		√	
场景三	用户群 1	√		
	用户群 2		√	424454.5098
	用户群 3	√		
	用户群 4		√	
场景四	用户群 1		√	
	用户群 2	√		418249.8425
	用户群 3		√	
	用户群 4	√		

续表

场景	用户	总量分成	基本保底	虚拟电厂收益
场景五	用户群 1	√		423368.180
	用户群 2		√	
	用户群 3		√	
	用户群 4		√	
场景六	用户群 1		√	408271.9159
	用户群 2	√		
	用户群 3		√	
	用户群 4		√	
场景七	用户群 1		√	400284.6916
	用户群 2		√	
	用户群 3	√		
	用户群 4		√	
场景八	用户群 1		√	409176.2887
	用户群 2		√	
	用户群 3		√	
	用户群 4	√		

第6章

基于多智能体强化学习的
虚拟电厂购售电博弈策略

本章首先简述强化学习原理，介绍了基于确定性策略梯度算法的强化学习方法，提出了基于多智能体强化学习算法的虚拟电厂博弈模型；其次，分析多市场主体策略行为博弈机理，提出面向虚拟电厂购售电的非合作博弈模型；最后，基于算例分析，深入分析虚拟电厂购售电博弈策略。

6.1 基于强化学习算法的虚拟电厂博弈方法

6.1.1 强化学习原理

强化学习是机器学习的范式和方法论之一，用于描述和解决智能体在与环境的交互过程中通过学习策略以达成回报最大化或实现特定目标的问题。强化学习的常见模型是标准的马尔可夫决策过程。按给定条件，强化学习可分为基于模式的强化学习和无模式强化学习，以及主动强化学习和被动强化学习。本部分将首先介绍强化学习环境交互方法、马尔可夫决策过程、贝尔曼方程和最优性的相关理论知识，为后续强化学习方法的提出奠定理论基础。

6.1.1.1 强化学习环境交互方法

智能体与环境是构建算法任务的基本要素。环境是智能体进行信息传递的媒介，与环境的"交互"过程是根据预先设计的动作集（Action Set）$A= \{A_1, A_2, \cdots \}$来实现的，该动作集指包含了所有可能的智能体决策，具体构成如图6-1所示。

在任意时间t，智能体首先观测到当前环境的状态S_t，以及当前对应的奖励值R_t。基于这些状态和奖励信息，智能体执行动作A_t，并且从环境得到新的反馈，获得下一时间步的状态 S_{t+1} 和奖励 R_{t+1}。对环境状态 S（S 是一个与时间 t 无关的通用状态表示符号）的观测并不一定能保证包含环境的所有信息。如果观测只包含了环境的局部状态信息，则认为这个环境是部分可观测的；如果观测包含了环境的全部状态信息，则认为这个环境是完全可观测的。

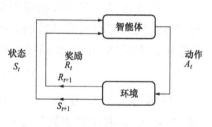

图 6-1　智能体与环境

为了从环境中给智能体提供反馈，将 R 记为奖励函数，根据环境状态在每一个时间 t 产生奖励 R_t，并将其发送给智能体。通常情况下，奖励函数只取决于当前的状态，即 $R_t = R(S_t)$。

在强化学习中，轨迹是一系列的状态、动作和奖励，用以记录智能体如何与环境交互，如式（6-1）所示：

$$\tau = (S_0, A_0, R_0, S_1, A_1, R_1, \cdots) \tag{6-1}$$

轨迹的初始状态 S_0，是从起始状态分布中随机采样而来的，该状态分布记为 ρ_0，从而有 $S_0 \sim \rho_0(\cdot)$。

一个状态到下一个状态的转移可以分为确定性转移过程与随机性转移过程。对于确定性转移过程，下一时刻的状态 S_{t+1} 由一个确定性函数支配，如式（6-2）所示：

$$S_{t+1} = f(S_t, A_t) \tag{6-2}$$

其中，S_{t+1} 是唯一的下一个状态。而对于随机性转移过程，下一时刻的状态 S_{t+1} 是用一个概率分布来描述，如式（6-3）所示，下一时刻的实际状态是从其概率分布中采样得到的。

$$S_{t+1} \sim p(S_{t+1} \mid S_t, A_t) \tag{6-3}$$

6.1.1.2　马尔可夫决策过程

马尔可夫决策过程是强化学习的常见模型之一，是一个离散随机过程。

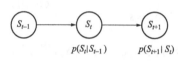

图 6-2 是马尔可夫过程概率图模型。单向箭头用来表达两个变量的关系，例如，"$a \rightarrow b$"表示变量 b 依赖于变量 a。

图 6-2　马尔可夫过程概率图模型

马尔可夫过程是基于马氏链的假设，其假设陈述为下一状态 S_{t+1} 仅仅依赖于当前状态 S_t。

如果 $p(S_{t+2} = s' \mid S_{t+1} = s) = p(S_{t+1} = s' \mid S_t = s)$ 对任意时间 t 和所有可能状态

成立，则称其为一个沿时间轴的稳定转移函数，具有时间同质性，而相应的马尔可夫链为时间同质马氏链。用 s' 来表示下一个状态，在一个时间同质马氏链中，在时间 t 由状态 s 转移到时间 $t+1$ 时状态 s' 的概率满足式（6-4）：

$$p(s'|s) = p(S_{t+1} = s'|S_t = s) \tag{6-4}$$

马尔可夫过程可以看成一个元组 $\langle S, P \rangle$，而马尔可夫奖励过程记为 $\langle S, P, R, \gamma \rangle$，其中状态转移矩阵的元素值是 $P_{s,s'} = p(s'|s)$，表示将有限维状态转移矩阵拓展成无穷维概率函数。

用 A 表示有限的动作集合 $\{a_1, a_2, \cdots, a_n\}$，则奖励变成如式（6-5）所示：

$$R_t = R(S_t, A_t) \tag{6-5}$$

策略是从每一个状态 $s \in S$ 和动作 $a \in A$ 至概率密度 $\pi(a|s)$ 的函数关系，这个概率分布是在状态 s 下采取动作 a 的概率，如式（6-6）所示：

$$\pi(a|s) = p(A_t = a|S_t = s), \ni t \tag{6-6}$$

期望回报是在一个策略下给定所有可能轨迹的回报的期望值，强化学习的目的就是通过优化策略来使期望回报最大化。给定起始状态分布 ρ_0 和策略 π，马尔可夫决策过程中一个 T 步长的轨迹的发生概率如式（6-7）所示：

$$p(\tau|\pi) = \rho_0(S_0) \prod_{t=0}^{T-1} p(S_{t+1}|S_t, A_t)\pi(A_t|S_t) \tag{6-7}$$

给定奖励函数 R 和所有可能的轨迹 τ，期望回报 $J(\pi)$ 如式（6-8）所示：

$$J(\pi) = \int_T p(\tau|\pi)R(\tau) = E_{\tau \sim \pi}[R(\tau)] \tag{6-8}$$

其中，p 表示轨迹发生的概率，发生概率越高，则对期望回报计算的权重越大。强化学习优化问题通过优化方法来提升策略，从而最大化期望回报。最优策略 π^* 如式（6-9）所示：

$$\pi^* = \arg\max_\pi J(\pi) \tag{6-9}$$

给定一个策略 π，价值函数 $V(s)$，即给定状态下的期望回报如式（6-10）所示：

$$\begin{aligned} V^\pi(s) &= E_{\tau \sim \pi}[R(\tau)|S_0 = s] \\ &= E_{At \sim \pi(\cdot|S_t)}\left[\sum_{t=0}^\infty \gamma^t R(S_t, A_t)|S_0 = s\right] \end{aligned} \tag{6-10}$$

其中，$\tau \sim \pi$ 表示轨迹 τ 是通过策略 π 采样获得的，$A_t \sim \pi(\cdot|S_t)$ 表示动作是在一个状态下从策略中采样得到的，下一个状态取决于状态转移矩阵 P 及其状态 s 和动作 a。

在马尔可夫决策中，给定一个动作，产生动作价值函数，其依赖于状态和刚刚执行的动作，是基于状态和动作的期望回报。如果一个智能体根据策略 π 运行，则把动作价值函数记为 $Q_{\pi}(s, a)$，如式（6-11）所示：

$$
\begin{aligned}
Q^{\pi}(s, a) &= E_{\tau \sim \pi}[R(\tau) \mid S_0 = s, A_0 = a] \\
&= E_{A_t \sim \pi(\cdot \mid S_t)} \left[\sum_{t=0}^{\infty} \gamma^t R(S_t, A_t) \mid S_0 = s, A_0 = a \right]
\end{aligned}
\tag{6-11}
$$

其中，$Q^{\pi}(s, a)$ 是基于策略 π 来估计的，通常称基于一个特定策略估计的价值函数为在线价值函数。价值函数 $v_{\pi}(s)$ 和动作价值函数 $q_{\pi}(s, a)$ 之间的关系如式（6-12）、式（6-13）所示：

$$
q_{\pi}(s, a) = E_{\tau \sim \pi}[R(\tau) \mid S_0 = s, A_0 = a]
\tag{6-12}
$$

$$
v_{\pi}(s) = E_{a \sim \pi}[q_{\pi}(s, a)]
\tag{6-13}
$$

6.1.1.3　贝尔曼方程和最优性

贝尔曼方程，也称为贝尔曼期望方程，用于计算给定策略 π 时价值函数在策略指引下轨迹上的期望。强化学习中的策略一直是变化的，而价值函数是以当前策略为条件或者用其估计的，因此可称之为"在线"估计方法。

由于在线价值函数是根据策略本身来估计的，即使是在相同的状态和动作集合上，不同的策略也会带来不同的价值函数。最优价值函数如式（6-14）所示：

$$
v\pi(s) = E_{a \sim \pi(\cdot \mid s), s' \sim p(\cdot \mid s, a)} [r + \gamma v_{\pi}(s')]
\tag{6-14}
$$

同时可以得出最优动作价值函数，如式（6-15）所示：

$$
q(s, a) = \max_{\pi} q_{\pi}(s, a), \ \forall s \in S, \ a \in A
\tag{6-15}
$$

二者之间的关系如式（6-16）所示：

$$
q(s, a) = E[R_t + \gamma v(s_{t+1}) \mid S_t = s, A_t = a]
\tag{6-16}
$$

6.1.2　基于确定性策略梯度算法的强化学习方法

6.1.2.1　基于确定性策略梯度算法的强化学习原理

确定性策略梯度（Deep Deterministic Policy Gradient，DDPG）算法在训练中采用 Actor-Critic 网络架构，其模型训练逻辑是通过 Actor 网络形成当前状态下 Agent 的动作决策，由 Critic 网络来评估当前行为的好坏，并以此指导 Actor 网络的训练。

如图 6-3 所示，由参数为 θ 的 Actor 网络和参数为 ω 的 Critic 网络共同组成了 DDPG 算法的网络结果，两类网络分别运算策略动作 $\pi(s \mid \theta)$ 和奖励函数

$Q(s, a|\omega)$。由于单个的 Actor 网络或 Critic 网络无法实现稳定的训练过程，因此 DDPG 算法参考了深度 Q 网络（deep Q-network，DQN）对 Target 网络进行固定的训练过程，在 Actor 网络和 Critic 网络的初始结构下，各自细分为一个 Target 网络和实际的训练网络，Target 网络的参数由初始设定的更新频率按一定比例对现实网络参数采取复制软更新。

在虚拟电厂中，从虚拟电厂运营商处获得的每个时刻的市场价格信息与从用户处获得的负荷变动信息为 DDPG 算法每一步的可视环境信息，将环境信息输入 Actor 网络后，模型将输出 96 点动态定价的动作值。

虚拟电厂运营商根据不同市场的价格信息，采用输出的动态定价，相对于固定定价的收入变化，作为奖励值与环境信息一同输入 Critic 网络，Critic 网络将以虚拟电厂运营商综合收益最大为目标函数衡量此次定价策略的好坏，Actor 网络根据 Critic 网络的反馈结果调整网络权重。

用户根据输出的价格变化信息与自身的价值函数，输出新价格信息下的负荷变化值，同时与虚拟电厂运营商接收到的新一轮市场价格信息一同成为新一步的环境输入值，直到模拟经营回合结束。当训练达到一定轮次后，Target 网络的参数将根据现实网络参数的实际值进行滑动平均更新。

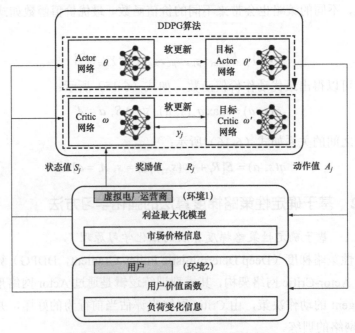

图 6-3   DDPG 算法的实现框架图

实际 Critic 网络的损失函数如式（6-17）所示：

$$J(\omega) = \frac{1}{m}\sum_{j=1}^{m}\{y_j - Q[\phi(s_j), A_j, \omega]\}^2 \qquad (6\text{-}17)$$

在每轮迭代中，从经验存放数据集 D 中进行小批量提取 m 条训练数据 $\{\phi(S_j), A_j, R_j, \phi(S_{j+1}), is\_end_j\}, j=1, 2, \cdots, m$，运算目前 $target\ Q$ 值 y_j：

$$y_j = \begin{cases} R_j & is\_end_j\ is\ true \\ R_j + \gamma Q[\phi(S_{j+1}), A_{j+1}, \omega] & is\_end_j\ is\ false \end{cases} \qquad (6\text{-}18)$$

式中：m 为样本数据个数；$Q[\phi(S_j), A_j, \omega]$ 为智能体在当前状态下 Actor 网络输出的 A_j 通过 Critic 网络后最终计算出的动作评价；y_j 为通过目标 Critic 计算出的目标动作价值；R_j 为样本在状态为 S_j 时采取动作 A_j 获得的即时奖励；γ 为折扣因子。

现实 Actor 网络的损失梯度如式（6-19）所示：

$$\nabla J(\theta) = -\frac{1}{m}\sum_{j=1}^{m}[\nabla_a Q(s_i, a_i, \omega)] \qquad (6\text{-}19)$$

然后，再用神经网络反向传过程训练去最小化损失函数 $J(\theta)$ 的过程就等同于对动作价值 $Q[\phi(S_j), A_j, \omega]$ 最大化寻优的过程。

每一轮迭代的最后，Critic 目标网络和 Actor 目标网络的参数软更新的方式如式（6-20）、式（6-21）所示：

$$\omega' \leftarrow \tau\omega + (1-\tau)\omega' \qquad (6\text{-}20)$$

$$\theta' \leftarrow \tau\theta + (1-\tau)\theta' \qquad (6\text{-}21)$$

如果 S_j 是终止状态，则该轮迭代完毕。

6.1.2.2　基于确定性策略梯度算法的强化学习模型求解

求解基于确定性策略梯度算法的强化学习模型，首先输入 Actor 在线网络，Actor 目标网络，Critic 在线网络和 Critic 目标网络，参数分别为 $\theta, \theta', \omega, \omega'$，衰减因子 γ，软更新系数 τ，批量梯度下降的样本数 m，目标 Q 网络参数更新频率 C，最大迭代次数 T，随机噪声函数 N。输出为最佳 Actor 在线网络参数 θ 和 Critic 在线网络参数 ω。DDPG 实现框架如图 6-4 所示。

（1）随机化选择初始参数 $\theta,\ \omega,\ \omega'=\omega,\ \theta'=\theta$，并构建空经验集合 D。

（2）从第一回合第一步开始，进行迭代。

1）从 S 状态序列初始化的第一个状态值开始，输出其状态参数 $\phi(S)$。

2）输入 S 得到当前 Actor 网络参数下的动作输出值，如式（6-22）所示：

$$A = \pi_\theta[\phi(S)] + N \qquad (6\text{-}22)$$

3）执行 A 与环境交互，进入新状态 S'，并获得降成 R，和当前状态是

否结束的指示 *is_end*。

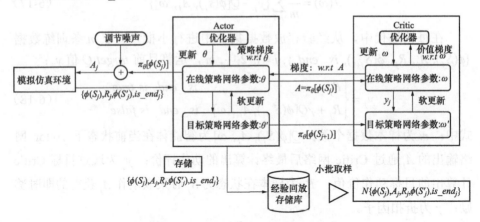

图 6-4　DDPG 模型训练求解流程图

4）将 $\{\phi(S), A, R, \phi(S'), is\_end\}$ 状态信息组集中存入经验回放集合 D。

5）输入 S 得到当前新的 Actor 网络参数下的动作输出值，如式（6-23）所示：

$$A = \pi_\theta[\phi(S)] + N \qquad (6-23)$$

6）从 D 中进行 m 条随机数据采样 $\{\phi(S_j), A_j, R_j, \phi(S'_j), is\_end_j\}$，$j =$ 1, 2,…, m，并计算当前数据下的 Q 值 y_j，如式（6-24）所示：

$$y_j = \begin{cases} R_j & is\_end_j \ is \ true \\ R_j + \gamma Q[\phi(S_{j+1}), A_{j+1}, \omega] & is\_end_j \ is \ false \end{cases} \qquad (6-24)$$

7）使用 LOSS 计算函数 $\frac{1}{m}\sum_{j=1}^{m}\{y_j - Q[\phi(S_j), A_j, \omega]\}^2$，通过神经网络梯度下降的过程对当前 Critic 网络的所有参数 ω 进行更新。

8）使用 $J(\theta) = -\frac{1}{m}\sum_{j=1}^{m}Q(s_i, a_i, \theta)$，通过神经网络梯度下降的过程对当前 Actor 网络的所有参数 θ 进行更新。

9）若迭代次数达到网络参数更新频率 C 的倍数，则对目标的 Critic 网络和 Actor 网络参数进行软更新如式（6-25）、式（6-26）所示：

$$\omega' \leftarrow \tau\omega + (1-\tau)\omega' \qquad (6-25)$$

$$\theta' \leftarrow \tau\theta + (1-\tau)\theta' \qquad (6-26)$$

10）如果 S_{j+1} 达到了结束标志，结束这一轮迭代，否则回到步骤 2）进行新一轮循环。

6.1.3　基于多智能体强化学习算法的虚拟电厂博弈方法

6.1.3.1　基于深度确定性策略梯度算法的多智能体强化学习原理

多智能体深度确定性策略梯度（Multi-Agent Deep Deterministic Policy Gradient，MADDPG）算法与 DDPG 算法相比，可实现多个强化学习智能体进行博弈环境下的同步训练。通过中心化训练，去中心化执行的算法框架，能够实现多个智能体变动环境下的同步训练。为了解决多智能体系统同步训练带来的环境非平稳问题，在对奖励值进行计算的集中建模过程中，在集中训练的奖励值输入端集中输入所有智能体的当前决策做统一训练。本部分选用 MADDPG 算法有两大优势：一是在训练阶段，每个智能体的 Actor 网络根据局部信息（即智能体自己的动作和状态）做出决策；二是算法不要求输入环境变化的信息，也不需要智能体间的联络关系。因此，该算法可以同时适用于合作环境或者非合作环境。

MADDPG 算法的实现框架如图 6-5 所示。

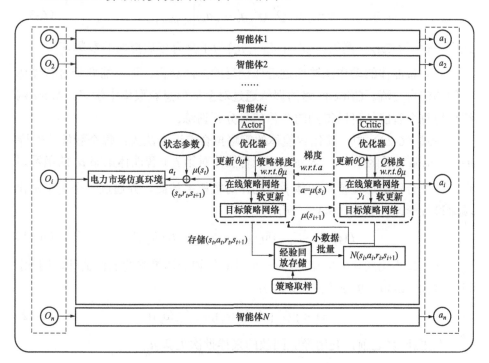

图 6-5　MADDPG 算法的实现框架图

MADDPG 算法中，用 $\theta = [\theta_1, \cdots, \theta_n]$ 表示 n 个智能体策略的参数设计，

$\pi = [\pi_1, \cdots, \pi_n]$ 表示 n 个智能体的策略结构。对于第 i 个智能体的期望收益 $J(\theta_i) = E_{s \sim \rho^\pi, a_i \sim \pi_i}\left[\sum_{t=0}^{\infty} \gamma^t r_{i,t}\right]$，其策略梯度如式（6-27）所示：

$$\nabla_{\theta_i} J(\theta_i) = E_{s \sim \rho^\pi, a_i \sim \pi_i}[\nabla_{\theta_i} \log \pi_i(a_i|o_i) Q_i^\pi(x, a_1, \cdots, a_n)] \tag{6-27}$$

式中：o_i 为第 i 个智能体的可探测环境；观测向量为 $[o_1, \cdots, o_n]$，$Q_i^\pi(x, a_1, \cdots, a_n)$ 为第 i 个智能体集中训练环境下的动作状态解，每个智能体都可以分别探索自己的 Q_i^π 函数，有各自的回报函数，可以完成合作或竞争任务。

对于确定性策略 μ_{θ_i}，其梯度公式为式（6-28）：

$$\nabla_{\theta_i} J(\mu_i) = E_{x, a \sim D}[\nabla_{\theta_i} \mu_i(a_i|o_i) \nabla_{a_i} Q_i^\mu(x, a_1, \cdots, a_n)\big|_{a_i = \mu_i(o_i)}] \tag{6-28}$$

式中：D 为一个经验存储，元素组成为 $(x, x', a_1, \cdots, a_n, r_1, \cdots, r_n)$。

集中式的 Critic 网络的更新方法借鉴了 DQN 中时间差分与 Target 网络思想，如式（6-29）、式（6-30）所示：

$$L(\theta_i) = E_{x, a, r, x'}\{[Q_i^\mu(x, a_1, \cdots, a_n) - y]^2\} \tag{6-29}$$

$$y = r_i + \gamma \overline{Q}_i^\mu(x', a_1', \cdots, a_n')\big|_{a_j' = \mu_j'(o_j)} \tag{6-30}$$

式中：$\overline{Q}_i^\mu$ 为 Target 网络；$\mu' = [\mu_1', \cdots, \mu_n']$ 为了具有延后更新的参数 θ_j'。

其余智能体的动作能够通过近似接近的方法获得，而不需要经过智能体之间的信息交流。Critic 网络的训练通过对全局信息获取集中学习，Actor 网络仅用每个智能体可以得到的个体信息分开训练。

在式（6-29）中，其他智能体的策略拟合逼近方法为：每个智能体保持 $n-1$ 个策略逼近函数，$\hat{\mu}_{\phi_i^j}$ 表示第 i 个智能体对第 j 个智能体策略 μ_j 的函数逼近。该拟合策略通过使智能体 j 的动作对数概率最高，并通过一个熵正则化项来进行学习，如式（6-31）所示：

$$L(\phi_i^j) = -E_{o_j, a_j}[\log \hat{\mu}_{\phi_i^j}(a_j|o_j) + \lambda H(\hat{\mu}_{\phi_i^j})] \tag{6-31}$$

通过最小化式（6-30），得到一个对其他智能体策略的近似估计，因此，可以将式（6-30）更新为式（6-32）：

$$y = r_i + \gamma \overline{Q}_i^\mu[x', \hat{\mu}_{\phi_i^j}^1(o_1), \cdots, \hat{\mu}_{\phi_i^j}^n(o_n)] \tag{6-32}$$

在更新 Q_i^μ 之前，利用经验回放的采样批次更新 $\hat{\mu}_{\phi_i^j}$。

由于每个智能体的策略都在更新迭代，导致环境对于博弈的每一个智能体都是变化的。因此，在竞争环境下，可能会出现某一个智能体通过训练得到了一个非常好的策略，但这个策略时效性很短，这是因为其他智能体的策略也是在不断更新的，当时的优秀策略无法适应竞争对手策略的变化。

为了能更好地解决上述问题，MADDPG 提出了一种策略集合的思想，第 i 个智能体的策略 μ_i 由一个具有 K 个子策略的集合构成，在每一个训练回合中仅使用一个子策略 $\mu_i^{(k)}$。对单独不同的智能体，提升策略集的整体回报 $J_e(\mu_i) = E_{k \sim \text{unif}(1,K), s \sim \rho^\mu, a \sim \mu_i^k} \left[\sum_{t=0}^{\infty} \gamma^t r_{i,t} \right]$。而且为不同的子策略 k 都去搭建不同存储器 $D_i^{(k)}$。考虑到优化策略集合的整体效果，对于不同子策略的更新梯度如式（6-33）所示：

$$\nabla_{\theta_{\eta,t}^{(k)}} J_e(\mu_i) = \frac{1}{K} E_{x, a \sim D_{\eta,t}^{(k)}} [\nabla_{\theta_{\eta,t}^{(k)}} \mu_i^{(k)}(a_i | o_i) \nabla_{ai} Q^{\mu_i}(x, a_1, \cdots, a_n)|_{a_i = \mu_i^{(k)}(o_i)}] \qquad (6\text{-}33)$$

6.1.3.2 基于 MADDPG 强化学习的虚拟电厂博弈模型求解

虚拟电厂购售电博弈问题，是一个复杂的多主体系统问题，适用于多智能体强化学习方法求解，并采用 MADDPG 算法分别求解不同成本间的企业的非合作博弈和合作博弈模型。模型求解框架如图 6-6 所示。

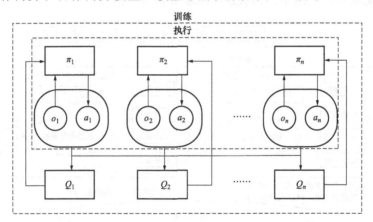

图 6-6 MADDPG 算法模型求解框架

在该多智能体系统中有 n 家企业，每个智能体有一个策略网络。首先，在训练过程中，n 个智能体采用联合策略 $\vec{\pi} = (\vec{\pi_1}, \vec{\pi_2}, \cdots, \vec{\pi_n})$ 与环境进行交互。同时，对每个智能体 i 的联合行为值函数 $Q_i(o_1, a_1, o_2, a_2, \cdots, o_n, a_n)$ 进行评估，根据联合行为值函数对策略参数的梯度，对每个智能体的策略进行更新。智能体 i 的策略输入为个体观测 o_i，输出为智能体 i 的动作 a_i。其次，执行阶段智能体 i 的输入为局部观测 o_i，输出为智能体 i 的动作 a_i。

在本节中，MADDPG 算法的策略网络的输入为虚拟电厂和自身状态特征，输出为虚拟电厂的报价行为；价值网络的输入和策略网络相同，输出为报价行为的值函数。策略网络基于概率分布选择行为（即申报电量和申报电价）、价值网络，判断策略网络采取行为的好坏，策略网络再根据价值网络的评价值调整行为的概率分布；环境模型为中长期电力市场出清模型，模型的输入为智能体采取的行动，输出为智能体获得的奖励以及下一时间的状态。

6.2　虚拟电厂参与多市场非合作博弈模型

6.2.1　多市场主体策略行为博弈机理

多主体主要包括政府、传统火电企业、新能源发电企业、虚拟电厂运营商，如图 6-7 所示。政府结合可再生能源发展规划，科学合理地设计配额制涉及的制度参数和规则约束，主要包括配额目标、交易成本、未完成配额目标的单位罚金等，并对电能量市场、绿证市场动态监管，通过对市场信息的反馈、配额目标的落实，调整制度准参数和规则约束。

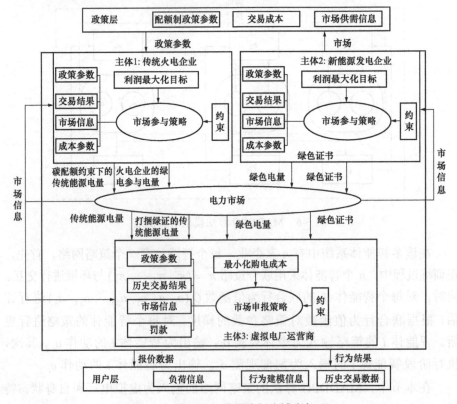

图 6-7　多市场主体策略行为博弈机理

区域内的传统火电企业、新能源发电企业、虚拟电厂运营商在政府制定的规则参数下，决策其电能量市场和绿证市场的参与策略。虚拟电厂运营商作为配额义务承担主体,消费的电能中必须包含最低比例的可再生能源电力。根据电能量市场中可再生能源的历史成交电价、常规能源的历史成交电价和绿色证书市场上绿色证书的历史价格，以用电成本和配额完成成本最小化为目标，动态决策其新能源电量与常规能源电量、绿证的购买量及接受惩罚的比例。新能源发电企业可以决策其在电能量市场上的售电量，同时售电量也决定了其在配额市场上绿证可提供量的上限,通过决策新能源电量和绿色证书市场的供给，影响绿电和绿色证书的价格，来实现售电收益和绿证收益的最大化。当绿证市场价格较低、新能源电价格较高时，传统火电企业接受市场价格信息，可购买一定绿证赋予电能绿色属性捆绑出售给虚拟电厂运营商。

中长期市场中，市场主体在利润最大化目标的驱动下会动态调整其策略行为，根据市场形势不断地分散决策，传统火电企业和新能源发电企业收益差逐渐减少，最终实现新能源和火电同台竞价。虚拟电厂运营商通过对市场信息的观察和竞争对手利益的分析，逐渐转嫁之前完全施加于用户侧的配额考核压力，从而争取自身利益。

6.2.2 面向虚拟电厂购售电的非合作博弈模型

6.2.2.1 多市场主体博弈模型目标

（1）新能源发电企业收益。市场主体在整体交易流程中由决策售电量 Q_i^r 和绿证交易量 q_i^r 使其收益 π^{re} 达到最大，如式（6-34）所示：

$$\max \pi^{re} = \sum_{i=1}^{12} [Q_i^r(p_i^r - c_r) + q_i^r p_i^g - \partial \lambda q_i^r p_i^g] \tag{6-34}$$

式中：p_i^r 为第 i 月新能源成交电价；p_i^g 为第 i 月绿色证书售出价格；λ 为交易成本的收取费率；c_r 为新能源发电成本；∂ 为交易成本分摊系数。

（2）传统火电企业收益。传统火电企业在第 i 轮博弈环节通过决策售电量 Q_i^f 和绿色证书购买量 q_i^f，使其效益 π^f 最大化，如式（6-35）所示：

$$\max \pi^f = \sum_{i=1}^{12} [Q_i^f(p_i^f - c^f) - q_i^f p_i^g - \partial \lambda q_i^f p_i^g] \tag{6-35}$$

式中：p_i^f 为第 i 月传统火电企业的成交电价；p_i^g 为第 i 月绿色证书价格购入价格；c^f 为传统火电企业发电成本。

（3）虚拟电厂运营商购电成本。虚拟电厂运营商在第 i 轮博弈环节通过决策可再生能源购电量 Q_i^r、常规能源购电量 Q_i^f 和绿色证书购买量 q_i^u，使其用电成本 C^u 最小化，如式（6-36）所示：

$$\min C^u = \sum_{i=1}^{12}\left(Q_i^r p_i^r + Q_i^f p_i^f + p_i^u q_i^u + \partial\lambda p_i^u q_i^u\right)$$

$$+ \chi\left\{\gamma\left[\sum_{i=1}^{12}(Q_i^r + Q_i^f)\right] - \sum_{i=1}^{12}(Q_i^r + q_i^u)\right\}p_p \tag{6-36}$$

式中：γ 为配额目标；p_p 为单位罚金；$\chi=1$ 为 0～1 决策变量，当 $\gamma\left[\sum_{i=1}^{12}(Q_i^r + Q_i^f)\right]$

$-\sum_{i=1}^{12}(Q_i^r + q_i^u)\geqslant 0$ 时，$\chi=1$，否则 $\chi=0$。

6.2.2.2 市场参与策略模型假设

假设 1：参与的交易主体均为有限信息和有限理性。由于市场主体无法在同一个交易时间段观察到所有的市场信息和对手的交易策略，致使每个交易主体都只能观测到局部信息，无法达到完全理性的交易行为。

假设 2：交易双方均选择交易绿证时，交易成本由交易双方共同承担，成本分摊系数均为 50%。为简化交易过程，设单次成交数额与单位成交过程费用的乘积构成总的交易成本。

假设 3：本节中博弈方式主要考虑由多方竞价的方式进行，博弈主体在市场交易中拥有充分的自由交易权。

假设 4：绿证交易和电量交易仅在区域范围内进行，交易主体之间的交易数据采用模拟的方式生成，以验证算法的可行性。

假设 5：传统火电企业与新能源发电企业之间不存在发电品质的差异，同台参与电力市场交易的竞争。

模拟场景涉及的符号设定与解释见表 6-1。

表 6-1 符 号 设 定 与 解 释

变量	符号解释	变量	符号解释
p_p	设定的单位罚金	c_f	单位传统火电发电成本
γ	政府规定需要完成的配额目标	c_r	单位新能源发电成本
p^g	单位电量价格	π^f	传统火电企业不同决策下的收益
p^f	单位传统火电电量价格	C^u	受考核的虚拟电厂运营商在不同决策下的成本
p^r	单位新能源电量价格	π^{re}	新能源发电企业不同决策下的收益
λ	单位交易成本		

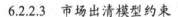

6.2.2.3　市场出清模型约束

（1）绿证的交易量不能超过绿证的拥有量，如式（6-37）所示：

$$0 \leqslant q_i^r \leqslant Q^r \tag{6-37}$$

（2）新能源发电企业商售电量应该在机组最大可发电量内，如式（6-38）所示：

$$Q_i^r \leqslant Q_{\max}^r \tag{6-38}$$

式中：$Q_{\max}^r$ 为机组发电量的最大值。

（3）由于绿证有效期为一年，传统火电企业购买绿证的总量不超过其售电量，如式（6-39）所示：

$$\sum_{i=1}^{12} q_i^f \leqslant \sum_{i=1}^{12} Q_i^f \tag{6-39}$$

（4）传统火电企业售电量应该在机组最大可发电量内，如式（6-40）所示：

$$Q_i^f \leqslant Q_{\max}^f \tag{6-40}$$

式中：$Q_{\max}^f$ 为机组发电量的最大值。

（5）绿色证书博弈过程中绿证的交易量与购买量等同，如式（6-41）所示：

$$\sum_{i=1}^{12} q_i^r = \sum_{i=1}^{12} (q_i^f + q_i^u) \tag{6-41}$$

（6）电力市场中电能量出售量等于购买量，如式（6-42）所示：

$$Q_i^r + Q_i^f = Q^u \tag{6-42}$$

（7）虚拟电厂运营商市场购电量应至少满足各月购电需求量，如式（6-43）所示：

$$\sum_{i=1}^{12} (Q_i^r + Q_i^f) \geqslant \sum_{i=1}^{12} L_i^e \tag{6-43}$$

式中：L_i^e 为预测各月虚拟电厂运营商的用电需求量。

（8）配额数量约束：

$$\sum_{j=1}^{3} \sum_{i=1}^{12} (\tau \alpha_i Q_i^r + e_{i,j}^b G_i^b - e_{i,j}^s G_i^s) = \tau \sum_{i=1}^{12} \gamma Q_i^r \tag{6-44}$$

$$\sum_{j=1}^{3} \sum_{i=1}^{12} (e_{i,j}^b + e_{i,j}^s) \leqslant 1 \tag{6-45}$$

式中：τ 为生产单位绿色电能所获得的碳配额数量，取 $\tau = 1$ 本 / MWh；α_i 为第 i 月消纳可再生电能的比例；G_i^b、G_i^s 分别为第 i 月购买、售出的碳配额数量；$e_{i,j}^b$、$e_{i,j}^s$ 分别为第 i 个月第 j 个市场主体购买和出售证书的状态变量。

对第 j 个市场主体，$e_{i,j}^b=0$、$e_{i,j}^s=1$ 表示第 i 个月售出碳配额，$e_{i,j}^b=1$、$e_{i,j}^s=0$ 表示第 i 个月购买碳配额，$e_{i,j}^b=0$、$e_{i,j}^s=0$ 表示第 i 个月没有碳配额交易。

（9）碳配额的出售量应该不大于碳配额的持有量，如式（6-46）所示：

$$0 \leqslant G_i^s \leqslant G_i^{\max} \tag{6-46}$$

式中：$G_i^{\max}$ 为第 i 个月发电企业持有的碳配额最大数量。

（10）碳市场中各市场成员的碳配额总出售量应等于总购买量，如式（6-47）所示：

$$\sum_{j=1}^{3}\sum_{i=1}^{12} G_i^s = \sum_{j=1}^{3}\sum_{i=1}^{12} G_i^b \tag{6-47}$$

（11）为了保障博弈的合理性与加速模型收敛，传统火电企业与新能源发电企业的报价约束在市场历史各月平均价报价的 0.5～1.5 倍，如式（6-48）、式（6-49）所示：

$$0.5 p_{i,\mathrm{avg}}^f \leqslant p_i^f \leqslant 1.5 p_{i,\mathrm{avg}}^f \tag{6-48}$$

$$0.5 p_{i,\mathrm{avg}}^r \leqslant p_i^r \leqslant 1.5 p_{i,\mathrm{avg}}^r \tag{6-49}$$

式中：p_i^f、p_i^r 分别为传统火电企业、新能源发电企业各月的博弈实际报价；$p_{i,\mathrm{avg}}^f$、$p_{i,\mathrm{avg}}^r$ 分别为传统火电企业、新能源发电企业历史各月的平均价格。

6.3 虚拟电厂购售电博弈算例分析

本节分析考虑传统火电企业、新能源发电企业、虚拟电厂运营商等多主体的博弈情况。根据历史数据预测结果，预测虚拟电厂运营商各月用电量，并以预测的虚拟电运营商厂购电需求为基础，如表 6-2 所示，对传统火电企业和新能源发电企业进行场景模拟设定。本节以某地区虚拟电厂运营商的实际购电需求为基础，对传统火电企业与新能源发电企业的各月可供电量做出模拟估计进行博弈。综合考虑各省区情况，算例中将非水可再生能源配额考核比例模拟设定为 14.8%。考虑到对未完成配额考核的惩罚性训练需求，设定未完成配额带来的间接性损失为绿证交易结果的 1.5 倍。交易成本为绿证价格的 10% 左右。以上参数作为 MADDPG 算法的博弈基准环境参数。

表6-2	仿真模拟博弈数据				（单位：GWh）	
市场主体类型	1月	2月	3月	4月	5月	6月
传统火电企业	391.7	388.9	389.4	397.9	413.5	432.3
新能源发电企业	38.7	38.6	56.1	49.9	52.9	44.8
虚拟电厂运营商	333.7	359.6	394.2	403.4	382.2	472.3
市场主体类型	7月	8月	9月	10月	11月	12月
传统火电企业	460.0	509.0	422.3	399.1	470.1	464.6
新能源发电企业	40.5	40.7	38.8	46.7	47.8	51.4
虚拟电厂运营商	370.7	410.2	371.9	420.6	493.3	477.8

博弈三方基于市场的供给需求数据、各自成本参数与公开的政策信息进行多智能体博弈，以各自收益最大化为目标函数。博弈结果将作为算法的购电量数据进行迭代训练。

实验中的强化学习模型采用 Python Tensorflow 2.0 实现。公式中的约束采用 Gurobi 中的 Python 接口计算。实验计算机型号为四核 2.60-Ghz 英特尔 Core i7-6700HQ 处理器，16GB 内存。为加速模型收敛，MADDPG 算法采用相应政策参数进行了 10000 轮博弈的预训练。

6.3.1　算法收敛效用对比

为了验证所提 MADDPG 算法的有效性，算例共进行了三万次博弈仿真模拟。仿真环境中，以 12 个月为一个博弈周期。博弈三方各自制定定价或购电策略，并统计在不同政策参数下每个博弈周期的成交情况与各自收益结果。

第一组研究立意于研究本节所提的基于多智能体博弈下的分层强化学习 MADDPG 算法，并与基于有限理性群体演化博弈下的双延迟深度确定性策略梯度（Twin Delayed Deep Deterministic Policy Gradient，TD3）算法及传统粒子群神经网络（BPPSO）算法进行对比。TD3/BPPSO 算法通过接收相应政策参数下收敛策略计算的奖励值进行同样 30000 次的政策参数迭代。

图 6-8 和表 6-3 展示了不同算法下的政策效益收敛趋势和不同迭代次数间的收益平均值 μ 和方差 σ 和训练时长 $t(h)$。如图 6-8 所示，不同算法下政策效益随着迭代次数均稳定上升，波动性均稳定下降。三种算法均能有效提升政策参数制定的合理性，但本节研究的 MADDPG 算法获得了最高的政策效益。由表 6-3 可以得出，训练结束后 MADDPG 的平均政策效益比 TD3 算法提升了 38.7%，比未采用强化学习算法的传统 BPPSO 算法提升了 65.7%。虽

然本节所提算法的波动性对比其他两种算法较大,但在95%置信区间下,仍优于其余两种算法95%置信区间下的最优结果。

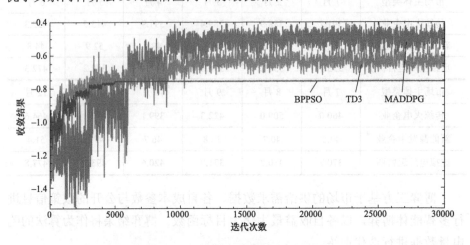

图6-8　不同算法收敛效果对比图

表6-3　　　不同算法收敛时间与迭代次数中均值和方差对比

算法	符号	迭代次数					
		5000	10000	15000	20000	25000	30000
MADDPG	μ	−1.0799	−0.6897	−0.5132	−0.4592	−0.4566	−0.4562
	σ	0.1908	0.1534	0.0486	0.0413	0.04312	0.0389
	$t(h)$	12.3256	24.3578	35.9542	47.8652	60.1023	71.3654
TD3	μ	−0.8335	−0.7071	−0.6402	−0.6367	−0.6334	−0.6327
	σ	0.1281	0.0415	0.0341	0.0290	0.0297	0.0287
	$t(h)$	8.5321	16.8563	25.6987	34.1236	42.3654	50.1236
BPPSO	μ	−0.8639	−0.7560	−0.7560	−0.7560	−0.7560	−0.7560
	σ	0.1049	0.0016	0.0010	0.0010	0.0009	0.0009
	$t(h)$	5.7589	11.6985	17.1036	21.0365	28.1236	33.8521

虽然TD3算法和BPPSO算法在运算收敛速度与波动性等方面较优于MADDPG算法,但是由于算法的策略收敛速度与波动性来源于其收敛仅为策略宏观方向上的收敛,因此无法实现对更为精细化的整体决策优化,所以TD3算法和BPPSO算法能达到的政策效益的上限较差于MADDPG算法。其中,采用基于既定政策参数下优化的TD3强化学习算法模型效果优于BPPSO算法。TD3强化学习算法通过探索机制与多个策略、动作网络的组合优化,

在可以接受范围内的波动性与收敛速度的牺牲下，提高了对策略空间的探索。MADDPG 算法以多智能体强化学习博弈结果代替了单主体策略趋势演变，为强化学习网络提供了更准确与精细化的奖励值，进一步提高了算法求解的上限，获得了更优的算法效果。

6.3.2　不同主体博弈收益对比

本节考虑了在可再生能源消纳责任权重制度下，算法训练过程中虚拟电厂运营商成本的变化和不同发电厂商的度电收益的变化。由图 6-9 可以发现，在博弈的前 5000 次中虚拟电厂运营商成本大幅降低后快速回升,最后稳定在成本降低 10%；传统火电企业的度电收益大幅降低后回升，之后稳定在降低

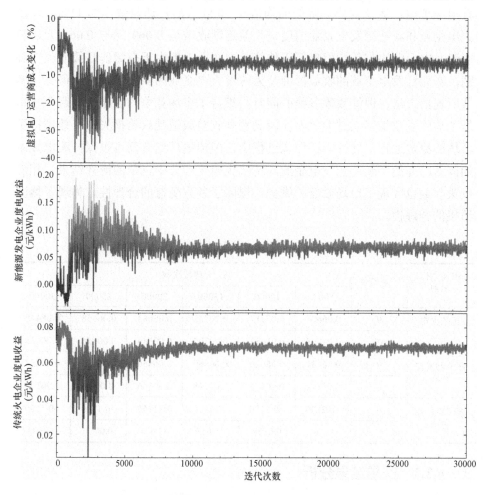

图 6-9　MADDPG 算法下不同主体成本和收益变化

35%左右；传统火电企业与新能源发电企业的度电收益差在前 10000 次中稳定减小，后续训练中度电收益差在 10%上下波动，新能源发电企业在相应政策下提升了获利能力。

此外，由传统火电企业与新能源发电企业的度电收益变化可以看出，在训练前期，传统火电企业利润损失波动较大，最低时度电收益降低到了 0；新能源发电企业利润上升较多，最多时超过 0.2 元/kWh，是碳配额制政策前火电度电收益的 3 倍左右。虚拟电厂运营商受到传统火电企业降价的正向激励，前期成本降低效用明显，而在后期各方对政策迭代适应后，虚拟电厂运营商可稳定降低 10%左右的成本。表 6-4 展示了不同迭代次数的传统火电企业、新能源发电企业、虚拟电厂运营商度电收益的均值和方差的变化，可以看出虚拟电厂运营商成本降低的均值在 5000 次后快速收敛到约 11%，传统火电企业和新能源发电企业的度电收益逐渐收敛至 0.069 元与 0.065 元，新能源发电企业的收益均值略低于传统火电企业，但由于有绿证政策的收益补贴，新能源发电企业的收益标准差为传统火电企业的 4.5 倍。由此可见，本节所提出方法在训练政策参数的同时，维持了市场竞争的健康性，避免了市场主体因受政策影响过大而收获较高额外收益或遭受政策损失，有效维持了市场的稳定运行。此外，在训练过程中，虚拟电厂运营商可以保持购电成本的降低，并趋于新能源发电企业与传统火电企业公平竞争的博弈结果，相应政策参数也实现了市场效益的维稳，保障了各方受益的合理性，体现了博弈结果的合理性。

表 6-4　　MADDPG 算法下不同主体成本和收益的均值和方差变化

市场主体类型	变量	迭代次数					
		5000	10000	15000	20000	25000	30000
传统火电企业	μ	0.06604	0.07117	0.06732	0.06663	0.06658	0.06448
	σ	0.04898	0.01631	0.00704	0.00685	0.00656	0.00638
新能源发电企业	μ	0.06131	0.06626	0.06869	0.06856	0.06853	0.06858
	σ	0.01142	0.00371	0.00148	0.00146	0.0015	0.00142
虚拟电厂运营商	μ	−0.2156	−0.1256	−0.1156	−0.1153	−0.1156	−0.1159
	σ	0.1569	0.0758	0.0653	0.0621	0.0611	0.0603

6.3.3　交易结果分析

在每一次迭代的不同政策参数影响下，博弈结果如图 6-10 所示，博弈后传统火电企业、新能源发电企业、虚拟电厂运营商的报价的值与方差如表 6-5 所示。

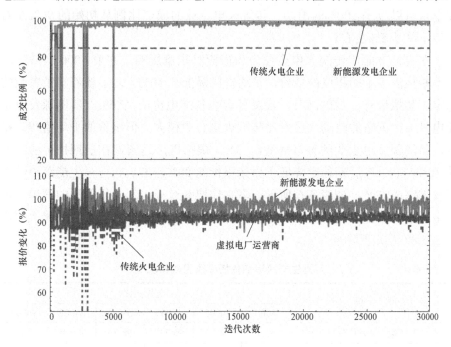

图 6-10　MADDPG 算法下不同主体电量成交比例与报价变化

表 6-5　　MADDPG 算法下不同主体出力及报价均值与方差变化

市场主体 类型	变量	迭代次数					
		5000	10000	15000	20000	25000	30000
传统火电企业 出力（%）	μ	85.842	84.7197	84.6241	84.619	84.6266	84.6202
	σ	2.8462	0.5974	0.083	0.0785	0.0845	0.0793
新能源发电企 业出力（%）	μ	87.474	98.0228	98.9212	98.9696	98.8981	98.9582
	σ	26.7527	5.6147	0.7803	0.7381	0.7941	0.7455
传统火电企业 报价（%）	μ	90.3983	91.9072	92.6651	92.6727	92.65	92.6002
	σ	7.5056	3.1307	1.5812	1.4937	1.3863	1.4793
新能源发电企 业报价（%）	μ	96.7546	97.0988	96.9536	97.1511	97.3194	97.612
	σ	3.7776	3.2774	2.4178	2.8435	2.506	2.4816
虚拟电厂运营 商报价（%）	μ	92.155	92.0014	91.4652	91.5528	91.5091	91.4735
	σ	4.6599	2.1412	0.8887	0.8445	0.8352	0.7309

　　由于新能源发电企业体量较小，在前期政策参数较大波动时，新能源发电企业的成交比例在 20%～100% 间大幅波动，波动幅度是传统火电企业的9.4 倍。传统火电企业由于体量较大，配额的剧烈波动使火电企业的波动幅

度在 10%之内，并快速收敛。最终在合理的配额设置下，新能源发电企业的发电量可以近乎 100%的消纳，传统火电企业的成交比例从初始的 90%左右稳步下降了 5%左右。

在定价方面，传统火电企业为积极应对政策影响，在前 5000 次博弈迭代不断报出了不同程度的低价，平均价格降低了 10%。之后随着政策参数的稳定，其报价有一定的回升，最终稳定在基准电价的 92.6%。新能源发电企业电量报价策略的波动性虽然比传统火电企业稍大，但报价的平均值较为稳定，新能源发电企业的价格降低约 3%。虚拟电厂运营商在前期报价涨跌波动 10%左右，在后期稳定降低了原始报价的 90%左右。在可再生能源消纳责任权重完成方面，如表 6-6 所示，多主体博弈过程未影响新能源的消纳，可再生能源消纳责任权重由 89.1%最终达到了 100%的完成率，相应的最大罚金由 265.82 万元下降至 0 元。

表 6-6　　　　　　　可再生能源消纳责任权重完成情况表

指　标	迭代次数					
	5000	10000	15000	20000	25000	30000
可再生能源消纳完成百分比（%）	89.1	94.52	96.347	98.26	99.808	100
最大罚金（万元）	265.822	98.632	25.635	10.152	1.652	0
虚拟电厂运营商贡献度（%）	81.635	87.702	91.609	93.197	94.08	94.666
传统火电企业贡献度（%）	18.365	12.298	8.391	6.803	5.92	5.334

如图 6-11 所示，在绿证的购买来源上，随着博弈的进行，用户越发倾向

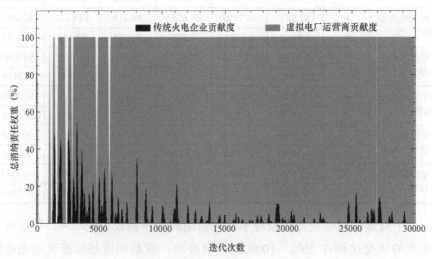

图 6-11　传统火电企业和虚拟电厂运营商对消纳责任权重贡献度对比

于通过自己购买绿证，而不是通过传统火电企业间接获得绿证，以确保避免高额的罚金。用户对绿证市场的贡献比从最初的 81.6% 上升至 94.7%，提升了 16.1%，传统火电企业的贡献比则从 18.4% 下降至 5.3%，降低了71.2%。

6.3.4 最优月度竞价成交结果分析

本小节采取最后 5000 次博弈训练中参数的平均值作为博弈的政策参数输入，分析多主体博弈后的月度决策情况。虚拟电厂运营商在不同月份累计完成消纳责任权重情况如表 6-7 所示，可见其可再生能源消纳责任权重完成率超过月平均消纳责任权重分配，最高超过月比例的 15%。

表 6-7　　　　　　　虚拟电厂运营商在不同月份完成

消纳责任权重情况

指标	月份					
	1	2	3	4	5	6
消纳责任权重累计完成比例（%）	10.067	18.111	31.88	43.073	56.843	61.049
月均需完成比例（%）	8.333	16.666	25	33.333	41.666	50

指标	月份					
	7	8	9	10	11	12
消纳责任权重累计完成比例（%）	68.353	74.118	80.588	88.629	94.011	100.95
月均需完成比例（%）	58.333	66.666	75	83.333	91.666	100

不同主体月度交易情况如图 6-12 所示，可以看出，虚拟电厂运营商在一年中前 5 个月最高月度交易电量达到火电月度交易电量的 14%，平均月度交易电量是后 7 个月的 1.07 倍。新能源发电企业采取的策略为前 5 个月采取较低的新能源价格保证基本收益，在后 7 个月中将新能源价格平均抬升 2%。而传统火电企业的交易策略则相反，在年中之后进行了适当的降价。绿证在前 5 个月的总交易量超出后 7 个月总交易量的 27%。由此可见，在给定的政策参数下，虚拟电厂运营商在可再生能源消纳责任权重政策的推动下有较强烈的消纳责任权重完成意愿，在年初和年末进行了较为充分的新能源交易，避免了年底绿证市场低成交量情况的发生，保障了新能源的消纳和新能源发电企业的合理度电收益，能够有效促进新能源发电企业参与电力市场的公平竞争力。

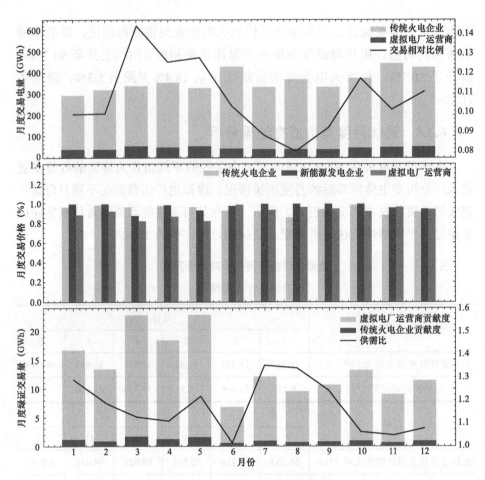

图 6-12　不同主体月度交易情况

由图上可知各类型电厂所测得的图 6-12 图水，可以看出，虚拟电厂运营商在……

第7章

基于深度确定性策略梯度
算法的虚拟电厂动态定价方法

多样化的电力交易品种导致了不同电力时段电力使用价值的差异性与波动性不断提升。特定时段开展的需求响应交易可以为虚拟电厂运营商带来收益。未来虚拟电厂对所聚合分布式资源的不确定性将以现货市场的动态价格弥补预测偏差值。本章首先分析基于价值函数的分布式资源弹性系数，然后提出基于深度确定性策略梯度算法的虚拟电厂动态定价模型，最后对比不同算法的收敛效用，分析虚拟电厂总体收益变化情况，形成基于深度确定性策略梯度算法的虚拟电厂动态定价策略。

7.1　基于价值函数的分布式资源弹性系数分析

多时段电价动态调整下，需求侧分布式资源当前时段的用电行为会受到本时段和其他时段电价的综合影响。本节忽略其他影响因素，通过价值函数研究动态用电价格与分布式资源用电行为之间的关系，并利用实际不同价格的用电历史数据估计出未知参数，从而得到分布式资源交叉弹性系数。

根据 Generalized Leontief 价值函数，分布式资源用电总费用与不同时段的用电价格和用电需求量的关系如式（7-1）所示：

$$C = g(q_i)\sum_{i=1}^{96}\sum_{j=1}^{96}\omega_{ij}\sqrt{p_i p_j} \qquad (7\text{-}1)$$

式中：i、j 分别为不同时间段；C 为分布式资源用电总费用；$g(q_i)$ 为分布式资源用电需求；p_i 和 p_j 分别为分布式资源在 i 时段和 j 时段的用电电价。

每一时段费用占总费用的比例 σ_i 的计算式如式（7-2）所示：

$$\sigma_i = \frac{\sum\limits_{j} \omega_{ij} \sqrt{(p_i p_j)}}{\sum\limits_{k=1}^{96} \sum\limits_{j} \omega_{kj} \sqrt{(p_k p_j)}} \tag{7-2}$$

由此可得分布式资源用电行为的自弹性系数 ε_{ii} 与互弹性系数 ε_{ij} 的计算公式，如式（7-3）、式（7-4）所示：

$$\varepsilon_{ii} = \frac{1}{2}\left(\frac{\omega_{ii}}{\sum\limits_{ki} \omega_{ik}} \sqrt{\frac{p_i}{p_k}} - 1 \right) \tag{7-3}$$

$$\varepsilon_{ij} = \frac{1}{2}\left(\frac{\omega_{ij}}{\sum\limits_{ki} \omega_{ik}} \sqrt{\frac{p_j}{p_k}} \right) \tag{7-4}$$

7.2 基于深度确定性策略梯度算法的虚拟电厂动态定价模型

电价引导的目的是挖掘分布式资源的响应潜力，同时减小电网的峰谷差，平抑电网的负荷波动。考虑虚拟电厂以及虚拟电厂内部聚合的分布式资源的经济性和负荷变动等因素，建立虚拟电厂的动态定价模型。选取计算周期内综合收益最大为目标函数，如式（7-5）所示：

$$\max R = \sum_i (R^a + R^s + R^c) \quad i = 1, 2, \cdots, n \tag{7-5}$$

为保障动态定价策略的整体合理性，避免贪婪算法下过度逐利对用户利益的损害，定价模型应满足以下四个约束条件。

（1）动态定价策略下单个交易日收益应不低于固定定价下收益：

$$R^{a'} = \sum_{i=3}^{28} (Q_i^O - Q_i^{\text{Baseline}}) p_i^a + \sum_{i=51}^{64} (Q_i^O - Q_i^{\text{Baseline}}) p_i^a \tag{7-6}$$

$$R^{s'} = \sum_{i=1}^{96} (Q_i^{\text{Predict}} - Q_i^O) p_i^s \tag{7-7}$$

$$R^{c'} = \sum_{i=1}^{28} Q_i^O (p_0 + p^L) + \left(\sum_{i=28}^{48} Q_i^O + \sum_{i=84}^{96} Q_i^O \right)(p_0 + p^M) + \sum_{i=48}^{84} Q_i^O (p_0 + p^H) \tag{7-8}$$

$$R_i^a + R_i^s + R_i^c \geqslant R_i^{a'} + R_i^{s'} + R_i^{c'} \quad i = 1, 2, \cdots, n \tag{7-9}$$

式中：Q_i^O 为未实施动态电价前的时段负荷；$R_i^{a'}$ 为未实施动态电价前的需求侧响应市场收益；$R_i^{s'}$ 为未实施动态电价前的现货市场收益；$R_i^{c'}$ 为未实施动

态电价前的用电收益；p_0 为未实施动态电价前的固定服务费。

（2）实施动态电价后，虚拟电厂以及虚拟电厂内部聚合的分布式资源用电总负荷应保持不变，如式（7-10）所示：

$$\sum_{j}\sum_{i}^{96} Q_i^O = \sum_{j}\sum_{i}^{96} Q_i^{Actual} \quad j=1, 2, \cdots, n \tag{7-10}$$

（3）实施动态电价后，虚拟电厂以及虚拟电厂内部聚合的分布式资源用户总的用电费用应不大于固定服务费下的用电费用，如式（7-11）所示：

$$\sum_{j}\sum_{i}^{96} Q_i^O p_i^c \leqslant \sum_{j}\sum_{i}^{96} Q_i^{Actual} p_0 \quad j=1, 2, \cdots, n \tag{7-11}$$

（4）综合考虑用户侧和电网侧经济性的限制，用电服务费应在一定范围内变化，如式（7-12）所示：

$$p_i \in (p_{min}, p_{max}) \tag{7-12}$$

7.3　虚拟电厂动态定价策略分析

本节以某区域的电动汽车负荷聚合而成的虚拟电厂为例，分析虚拟电厂的动态定价策略对电动汽车充放电负荷及其运营收益的影响。以某区域的实际充电为基础训练数据，分析每天采用不同定价策略下虚拟电厂盈利增长情况。充电功率按照 3kW 计算，电动汽车用户的需求响应会使该用户平移整段充电行为。实施分时电价时，该区域电动汽车用户的固定充电服务费为 0.5 元/kWh，虚拟电厂把电动汽车用户的动态定价区间设定为 0～1 元/kWh。从电网购电的充电时段可划分为：峰时段（12:00—21:00），平时段（7:00—12:00 和 21:00—24:00），谷时段（0:00—7:00）。峰时段电价为 1.29 元/kWh，平时段电价为 0.87 元/kWh，谷时段电价为 0.46 元/kWh。现货市场与需求响应市场交易频率均为 15min，需求响应市场开展的时间为 0:45—7:00 与 12:45—21:00 两段。

为了验证所提方法的有效性，采用 DDPG 算法对本节的需求响应市场与现货市场价格出清数据进行模拟仿真。仿真环境中，以 1 年为训练周期，训练周期内每日虚拟电厂对电动汽车用户的价格分别采取峰谷平、小时定价与 96 点动态定价策略，并分析虚拟电厂在训练周期内的总收入与负荷变化情况。实验中的强化学习算法采用 Python Tensorflow2.0 实现。式（7-6）～式（7-12）中的约束采用 Xpress Optimizer 中的 Python 接口计算。

7.3.1　算法收敛效用对比

通过对比每天更新定价策略的情况下，96 点动态定价策略与峰谷平定价策略、小时定价策略在 2500 次的迭代计算中，算法的收敛情况与对比固定定价策略下虚拟电厂整体收益的变化情况。计算结果如图 7-1 所示。

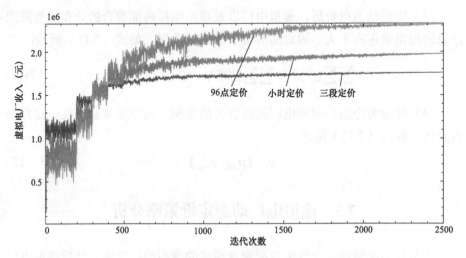

图 7-1　不同定价方式的收敛性与收入对比

在每日定价更新的设定下，算法迭代的决策空间较大，算法在收敛的过程中出现了一定的震荡性。在加入了更新策略下的收益不能低于原收益的约束后，算法避免了从负收益开始的无序迭代，三组定价策略均从初始就提升了虚拟电厂的整体收益，并均稳定上升至平稳。峰谷平定价策略因算法输出维度较低，从初始迭代就取得较高的收益，并在 500 次迭代后快速收敛；但由于峰谷平定价策略较为简单，在后续迭代中收益上升空间不足。96 点动态定价策略输出较为复杂，初始迭代中获得的收益较低，且经过 1500 次迭代后才趋于收敛，但取得了三组定价策略中的收益最高值，为 231 万元，是小时定价策略的 1.18 倍，峰谷平定价策略的 1.31 倍。

7.3.2　定价结果分析

虚拟电厂运营商在 96 点动态定价策略下平均每天的价格分布图如图 7-2 所示。在电动汽车用户总用电费用不增加的约束下，三种定价策略的价格分布和均值大致类似。在开展需求响应交易的谷时段和峰时段，DDPG 算法下的定价结果较靠近价格上下限；在平时段没有开展需求响应交易时，96 点定价方式下谷时段电价的均值略低、波动性较大。

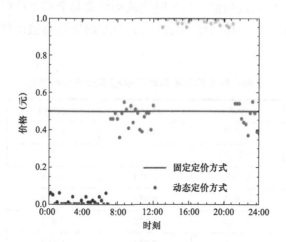

图 7-2　96 点定价下虚拟电厂运营商的日均价格情况

动态定价策略下典型时刻的日价格波动情况如图 7-3 所示，可以发现，在峰时段和谷时段，价格的波动区间较低、波动度较小；在平时段，价格波动范围较大、波动度较大。

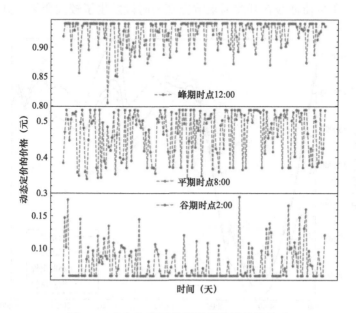

图 7-3　动态定价下典型时刻的日价格波动

动态定价策略与峰谷平三段定价策略、小时定价策略在峰时段、平时段、谷时段的价格平均值与标准差如表7-1所示，可以发现，三种定价策略下，各时段价格的均值大致相似，且平时段波动性要显著高于峰时段和谷时段。在动态定价策略下，价格的波动性较大，且平时段价格波动性约为峰时段或谷时段的3倍。

表 7-1　　　　　三种定价策略下不同时段价格平均值和标准差

定价策略	价格	峰时段	平时段	谷时段
峰谷平三段定价	平均值	0.976	0.498	0.036
	标准差	0	0	0
小时定价	平均值	0.973	0.475	0.032
	标准差	0.016	0.029	0.012
动态定价	平均值	0.982	0.461	0.022
	标准差	0.024	0.069	0.026

7.3.3　虚拟电厂聚合负荷变化分析

在固定价格、峰谷平三段定价、小时定价、动态定价策略下虚拟电厂聚合的电动汽车负荷变化情况如图7-4所示。在充电负荷总量不变的情况下，电动汽车负荷曲线在开展需求响应交易时段发生了较大变化。具体来说，

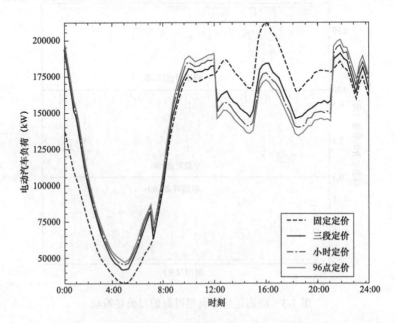

图 7-4　不同动态定价策略下的电动汽车负荷变化

动态定价策略下电动汽车负荷峰值削减量明显高于其他定价策略，高峰期动态定价策略整体降低了 18% 的充电负荷；降低的负荷中有 34.28% 的负荷转移到平时段，而小时定价策略下峰时段降低的负荷仅有 28.72% 转移到平时段，峰谷平三段定价策略下峰时段降低的负荷仅有 24.17% 转移到平时段。由此可见，动态定价策略下高峰期的充电负荷能够更多地转移到平时段，使得聚合电动汽车的虚拟电厂接入电网的负荷曲线更加友好。

7.3.4　虚拟电厂收益变化分析

每个时刻虚拟电厂聚合的电动汽车负荷变化后，虚拟电厂在对应时刻平均收益的变化趋势如图 7-5 所示。针对谷时段，除峰谷平定价策略下部分时刻收益高于固定定价策略外，其他定价方法在谷时段收益均略低于固定定价策略；平时段由于存在峰时段的负荷转移，受到现货市场影响，峰谷平三段定价策略下平时段收益均低于固定定价策略下的收益。在谷时段和平时段，96 点动态定价策略下虚拟电厂的收益处于四种定价策略下的最低值。在高峰期，其他三种定价策略下虚拟电厂的收益值均远高于固定定价下的收益，96 点动态定价策略在高峰期获得最高收益，并实现全天总收益最高。

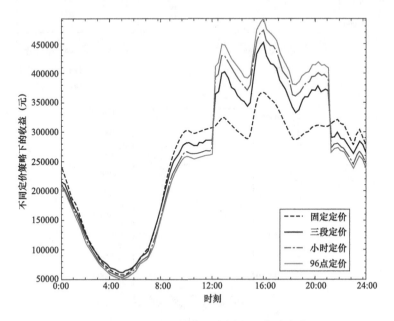

图 7-5　不同定价策略下虚拟电厂收益变化

在定价模型中，不同定价策略下保持电动汽车充电负荷总量不变且电动

汽车用户用能成本不增加，因此，虚拟电厂的增量收益主要来源为现货市场
和需求响应市场，如图7-6、表7-2所示。图7-6（a）为虚拟电厂各时刻平均
综合收益的增量，图7-6（b）为需求响应各时刻平均收益增量，图7-6（c）
为现货市场各时刻平均收益增量。现货市场收益增量来源于负荷转移后现货
市场各时刻价格之差，现货市场收益增量约为需求响应市场收益增量的2~3
倍，但由于虚拟电厂总充电负荷量保持不变，现货市场净收益占总体收益不
足10%。虚拟电厂增量收益主要来源于需求响应，峰时段收益低于谷时段收
益，其收益之比约为1:2。在96点动态定价策略下，虚拟电厂的总体收益提
升10%。

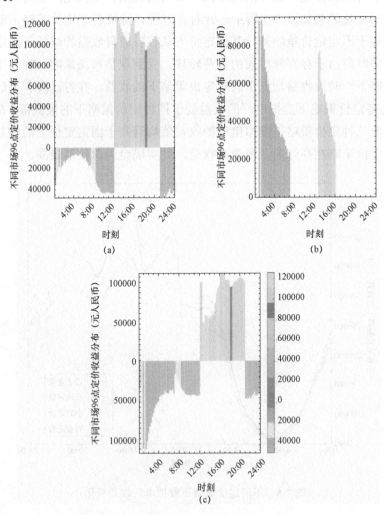

图 7-6　动态定价策略下虚拟电厂的增量收益

表 7-2　　　　　　　　　　　不同时段增量收益来源

价格策略		收益增长（元人民币）			
		峰时段	平时段	谷时段	总收益增量
峰谷平三段定价	R^s	2211088.57	−653214.96	−1450829.79	107043.81
	R^a	517139.13	0	1102659.17	1619798.3
小时定价	R^s	2854741.64	−1047224.83	−1645774.78	161742.03
	R^a	596699.94	0	1241207.25	1837907.19
96 点定价	R^s	3368595.13	−1350961.89	−1826777.68	190855.60
	R^a	733650.09	0	1435080.40	2168730.49

第8章

面向新能源发电曲线追踪的
虚拟电厂聚合调控方法

由于新能源发电的随机性、用户负荷的不确定性，新能源难以大规模消纳，亟须建立便捷高效的交易机制促进新能源与用户之间的交易，充分发挥负荷的可调节能力，进一步促进新能源消纳。本章提出了虚拟电厂消纳新能源的交易机制，分析了面向新能源发电曲线追踪的市场主体收益，建立了联合共享储能的虚拟电厂参与新能源发电曲线追踪的聚合调控优化模型，并开展了虚拟电厂参与新能源发电曲线追踪的交易算例分析，验证了虚拟电厂消纳新能源交易机制的有效性。

8.1 面向新能源发电曲线追踪的虚拟电厂交易机制

8.1.1 市场机制

虚拟电厂和新能源发电企业在电力交易中心注册后可进行协同消纳交易实现新能源的消纳。考虑到新能源发电季节波动性大，年度交易可能不适用，因此双边协商交易设置为月度交易。双边合同为定价不定量形式，即双方在交易时确定合同价格，以实际交易量为结算依据进行结算。共享储能运营商在电力交易中心注册后参与协调服务竞价，并将竞价结果、调节能力指标等相关信息同步至电力调度机构。

新能源发电企业、虚拟电厂提前一天（$D-1$ 日）将各自的发用电预测信息上报给电力调度机构，电力调度机构根据输配电网实际运行情况、预测信息、储能运行状态预定对新能源发电曲线追踪方案，并将其反馈给新能源发电企业、虚拟电厂和共享储能运营商。次日，电力调度机构根据系统实际运行实时情况进行调度管理。协同消纳交易的市场机制如图 8-1 所示。

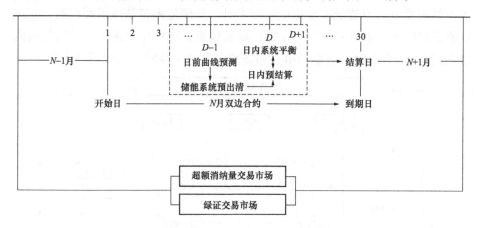

图 8-1　协同消纳交易的市场机制

参与协同消纳交易的主体还可以参与超额消纳量交易市场、绿证交易市场等。超额消纳量交易市场主要针对虚拟电厂，可以将超额消纳的新能源消纳责任权重出售，获取额外收益。绿证交易市场主要针对新能源发电企业，通过在绿证市场出售绿证获得额外收益。

8.1.2　交易流程

在协同消纳交易模式下，虚拟电厂与新能源发电企业在电力市场中进行双边协商交易，通过签订双边合同并履约，来实现新能源的消纳。双边合同主要约定虚拟电厂跟踪新能源发电曲线的具体方案及消纳弃电的优惠电价。合同签订后上报至电力调度机构，进行安全校核后方可执行。虚拟电厂按照合同对新能源弃电曲线进行主动跟踪，确保弃电全额消纳，同时按照实际消纳量向新能源发电企业结算相关费用。为实现合约的顺利履行，虚拟电厂和新能源发电企业需向共享储能运营商缴纳服务费。共享储能运营商通过平抑电力系统波动实现新能源协同消纳交易的顺利实现。共享储能运营商通过为新能源发电企业、虚拟电厂提供储能设备的使用权赚取收益，获得投资回报。协同消纳交易的交易流程见图 8-2。

签订合同后，新能源发电企业和虚拟电厂可根据历史发用电情况预测次日的发用电水平，将预测数据及虚拟电厂聚合资源的响应能力数据上报给电力调度机构进行曲线跟踪方案的设计及优化。虚拟电厂在追踪新能源发电曲线时首先要保证虚拟电厂自身的用电需求。当新能源发电出力值超出虚拟电厂需求及虚拟电厂聚合资源的最大调节能力时，可将剩余电量存入储能系统；当新能源发电出力值低于虚拟电厂需求时，从储能系统获取需要电量，实现在满足虚拟电厂需求的情况下全额消纳新能源。虚拟电厂跟踪新能源发电曲线见图 8-3，当面向不同虚拟电厂和新能源发电企业时，曲线可能不同。

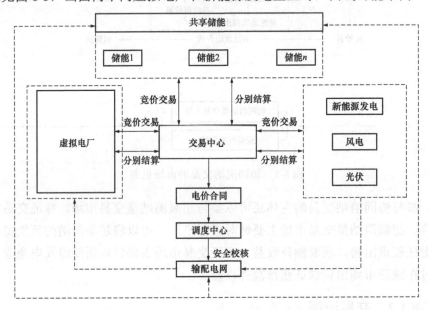

图 8-2　协同消纳交易的交易流程

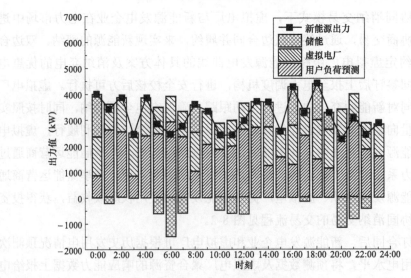

图 8-3　虚拟电厂跟踪新能源发电曲线

8.1.3　报价机制

（1）双边协商交易报价。管制定价下的上网电价在反映发电成本的同时，反映管制机构对电力供需的宏观调配。新能源发电有其自身的特殊性，宏观调控不易。因此，为促进新能源的消纳，其价格制定要遵循新能源的发电特点，并考虑其绿色环境价值。同时，要考虑虚拟电厂在新能源消纳方面的积极作用，给予虚拟电厂参与定价的权利。基于以上两方面的考虑，协同消纳新能源的双边协商报价模型可按以下步骤建立。该模型基于假设：①在碳配额指标约束下，虚拟电厂对新能源电力具有一定的需求刚性，在一定范围内火电价格不影响新能源定价；②新能源发电企业与虚拟电厂都掌握了自身的成本函数以及较好的预测技术；③电力总供给等于电力总需求。

1）首先，新能源发电企业根据历史发电数据预测交易周期的发电曲线，虚拟电厂根据自身的历史用电数据预测交易周期的用电曲线。

2）根据发电曲线和需求曲线，电力交易机构组织双边协商交易报价。

3）新能源发电企业根据发布的供需曲线进行报价，其报价如式（8-1）所示：

$$P_{S_n} = C_{S_n} + G_{S_n} + \theta_{S_n} \tag{8-1}$$

式中：P_{S_n} 为新能源发电企业 S_n 的单位供电报价；C_{S_n} 为 S_n 的单位发电成本；G_{S_n} 为 S_n 的单位电量的预期绿色环境价值溢价；θ_{S_n} 为 S_n 对交易周期市场行情的预判溢价。对新能源发电企业来说，其期望是参与市场交易后的总收益不小于其发电成本与合理利润之和。

4）虚拟电厂根据发布的供需曲线进行报价，其报价如式（8-2）所示：

$$P_{D_n} = C_{D_n} + G_{D_n} + \theta_{D_n} \tag{8-2}$$

式中：P_{D_n} 为虚拟电厂 D_n 的单位用电报价；C_{D_n} 为 D_n 的用电电价；G_{D_n} 为 D_n 完成可再生能源消纳责任权重的单位成本；θ_{D_n} 为 D_n 对交易周期市场行情的预判溢价。对虚拟电厂来说，其期望是参与市场交易后的电力总费用不大于原用电电价与完成可再生能源消纳责任权重成本的总和。

5）参与交易的主体将双边协商合同交送至电力交易机构备案，作为交易周期结束后的结算依据。

（2）共享储能预挂牌机制。共享储能运营商报送调节能力及单位服务费用，采用按周组织报价、日前预出清、日内调用的方式进行滚动竞价。日前预出清根据以下排序指标，按照"按需调用、按序调用"原则预出清，直至中标主体容量总和满足次日最大调节需求容量。调节费用按中标主体报价结算。为保证系统容量安全的同时防止储能服务市场出现垄断，导致新能源现货市场因调节费用过高而无法持续，将共享储能运营商的排序指标计算方式如式（8-3）所示：

$$RANK_{SS_n}^j = \frac{Vol_{SS_n}^j \times res_{SS_n}^{t-1}}{P_{SS_n}^j} \Omega RANK(T_{SS_n}^j) \tag{8-3}$$

式中：$RANK_{SS_n}^j$ 为共享储能运营商 SS_n 在第 j 次报价中的排序指标；$Vol_{SS_n}^j$ 为其调节容量；$res_{SS_n}^{t-1}$ 为其历史的响应水平，由该共享储能运营商的历史水平表现综合打分得到，取值为 [0，1]；$P_{SS_n}^j$ 为其服务价格；$RANK(T_{SS_n}^j)$ 为其申报时间排序。"Ω"表示这样一种计算逻辑：在进行出清时，首先计算申报主体的容量、价格和历史响应水平比，得出其经济性和适用性的综合指标。该指标的内在逻辑是在调节能力相同的情况下，价格越低则综合指标系数越高，排名越靠前；在价格相同的情况下，调节能力越大则综合指标系数越高，排名越靠前。若两个申报主体的综合指标相同，则根据其申报时间排序，时间越早排名越靠前。

次日最大调节需求容量由两部分组成，包括协同消纳交易的次日预用调节容量及系统的安全裕度。对共享储能运营商的调节需求来源于发电侧和用电侧的供需不匹配。新能源发电有其自身特性，不可能完全满足用户需求；虚拟电厂用电具有一定的刚性特点，呈现明显的峰谷用电差异，因此需要储能系统参与平衡供需。通过共享储能的协调响应，可以促进协同消纳交易持续进行，使新能源发电企业和虚拟电厂都有所受益；同时，共享储能运营商获取服务收益，通过市场化方式实现可持续发展。系统安全裕度一般依赖电力调度的专家经验，可根据历史数据在预用调节容量基础上进行一定比例的上浮。

8.2　面向新能源发电曲线追踪的市场主体收益分析

8.2.1　新能源发电企业收益分析

新能源发电企业的收益来源于两部分，包括双边协商合同实际销售的电量收益与其获得绿证售出后的收益。假设市场中有 n 个新能源发电企业参与双边协商交易，其实际消纳量分别为 Q_1、Q_2、…、Q_n，单位为 kWh；其单位收益分别为 μ_1、μ_2、…、μ_n，单位为元/kWh；其获得的绿证张数为 N_1、N_2、…、

N_n，绿证价格为 η_1、η_2、$\cdots$、η_n，单位为元；其储能使用成本分别为 C_1、C_2、$\cdots$、C_n，单位为元。由此可得，新能源发电企业总收益 M 如式（8-4）所示。

$$M = \sum_{i=1}^{n} (\mu_i Q_i + \eta_i N_i - C_i) \tag{8-4}$$

单位收益主要受双边合同交易报价策略影响。对于新能源弃电量，新能源发电企业可以选择将多余电量打包出售给电网或是参与协同消纳交易，交易价格受双方磋商及市场机制影响，一般交易价格上限为电力用户在市场中正常购电的价格或现货市场出清电价中的较小者。

8.2.2　虚拟电厂收益分析

虚拟电厂参与协同消纳的收益来源包括双边协商合同报价与市场电价的差额部分及出售超额消纳量获取的收益。假设虚拟电厂有 m 个用户参与了协同消纳交易，则虚拟电厂可获取的单日总收益 R_m 如式（8-5）所示：

$$R_m = \sum_{i=1}^{m} [(P_i^1 - P_i^2)Q_i + R_i^* - C_i^{ESN}] \tag{8-5}$$

式中：P_i^1 为虚拟电厂购电电价，元/MWh；P_i^2 为参与协同消纳交易的单位电价，元/MWh。Q_i 为日消纳量，MWh；R_i^* 为出售超额消纳量的收益，元，受虚拟电厂的可再生能源电力消纳责任权重及市场交易情况的影响；C_i^{ESN} 为虚拟电厂的储能使用成本，元。为简化问题，可假设 P_i^1 和 P_i^2 均已包含输配电价费用和相应的政府基金及附加。目前我国已开展有关可再生能源超额消纳量的市场交易，相关的激励政策已逐渐形成。

8.2.3　共享储能运营商收益分析

储能产业是实现能源互联网的重要环节，是促进清洁能源发展的最后一公里，在发电、输配电、电力需求侧、辅助服务、清洁能源接入等不同领域有着广阔的应用前景。然而，储能设施投资大、回报周期长、投资风险较高，市场投资前景不明晰。为了提高储能运营商的收益，可通过本章提出的协同消纳模式提高储能设备的利用率。在共享储能参与协同消纳模式中，影响共享储能运营商报价的重要因素是其投资成本与期望的投资收益，可按净现值指标对其进行评价，其参与协同消纳交易的报价下限按以下步骤计算。

（1）计算投资成本。

1）固定成本。

C_n^0 为方案 n 的初始投资成本，单位为元，其与储能容量 P_{esn} 存在如式（8-6）所示的函数关系：

$$C_n^0 = P_{esn} \times D_{ess} \qquad (8-6)$$

式中：D_{ess} 为储能单位容量成本，元/kW。

2）变动成本。

C_n^t 为方案 n 在第 t 期的运营维护成本，单位为元，其与储能容量存在如式（8-7）所示函数关系：

$$C_n^t = (C_{mp} + C_{mv}) \times P_{esn} \qquad (8-7)$$

式中：C_{mp} 为储能每年的单位运行费用，元/kW；C_{mv} 为储能每年的单位维护费用，元/kW。

（2）建立净现值评价模型。设方案 n 投资周期为 T_n，共享储能运营商的期望收益率为 I，可按式（8-8）计算方案 n 的净现值。此时，方案 n 在既定期望收益下不存在超额回报。

$$\sum_{t=0}^{T_n} (CI - CO)_t (1+I)^{-t} = 0 \qquad (8-8)$$

式中：$(CI - CO)_t$ 为第 t 期净现金流量。

（3）计算最低收益。按照（2）中的模型可得公式（8-9），当固定成本、变动成本、期望收益率为定值时，计算得到的收益 R 为共享储能运营商的收益下限。低于此收益，共享储能运营商不再有意愿参与协同消纳交易。收益下限 R 与储能运营商的成本、期望收益率成正比，即成本越高、期望收益率越大，收益下限 R 越高。

$$-C_n^0 + \sum_{t=0}^{T_n} (R - C_n^t)(1+I)^{-t} = 0 \qquad (8-9)$$

8.3 虚拟电厂参与新能源发电曲线追踪的聚合调控优化模型

8.3.1 聚合调控优化建模流程

虚拟电厂参与聚合调控的积极性对新能源发电曲线追踪的协同消纳交

易模式尤为重要。本节基于对虚拟电厂收益分析建立虚拟电厂参与新能源发电曲线追踪的聚合调控优化模型，如图 8-4 所示，具体步骤如下。

（1）通过预测方法获得新能源发电的具体预测数据。

（2）根据历史负荷数据获得虚拟电厂内部聚合的需求侧资源负荷预测数据。

（3）分析虚拟电厂内部聚合的需求侧资源特性。

（4）根据需求侧资源特性分析确定虚拟电厂可调节范围的上下限及系统约束条件。

（5）根据新能源的消纳量及协同交易模式的合同电价与目录电价的价差，建立收益函数。

（6）根据共享储能的市场情况、分摊机制确定各主体承担的储能设备使用成本函数。

（7）根据收益函数、储能设备的使用成本函数确定新能源曲线跟踪的净收益函数。

（8）以净收益函数最大化为目标，在系统约束条件下求解对既定新能源发电曲线的最优跟踪方案，得到虚拟电厂、共享储能的目标出力曲线。

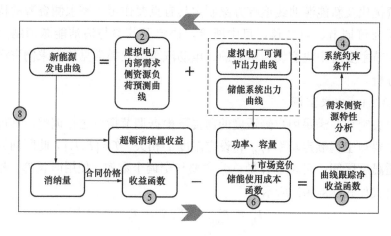

图 8-4　虚拟电厂聚合调控优化模型

8.3.2　数据预测与分析

8.3.2.1　新能源发电出力预测

国内新能源发电出力预测领域还处于广泛研究阶段，新能源发电出力预测按照预测形式可分为概率预测、区间预测和点预测，其中点预测是给出确定的出力预测值。目前针对新能源发电出力点预测的方法主要有物理方法、统计学方法、元启发式学习方法、组合方法等四类。随着计算工具的不断更新发展，采用机器学习的元启发式学习方法和集合各种模型优势的组合式学习方法更受关注。

8.3.2.2　虚拟电厂内部聚合资源负荷预测

关于虚拟电厂内部聚合资源的负荷预测相关研究一直是电力系统研究领域的重点，针对负荷预测按时间尺度主要可分为中长期的年度、月度预测，短期的周预测、日前预测，超短期的 15min 预测、实时预测等。《电力系统负荷预测（第二版）》对负荷预测的相关模型和研究成果进行全面总结，是一本集成负荷预测模型的经典书籍。近年来，负荷预测技术逐步更新，将大数据技术应用于负荷预测是目前较广泛使用的方法。通过准确预测虚拟电厂内部聚合资源的负荷曲线，为分析虚拟电厂参与协同消纳交易的可调节容量奠定基础。

8.3.3　虚拟电厂内部聚合资源可调节特性分析

分析虚拟电厂内部需求侧资源的可调节特性对协同消纳交易中储能系统协调优化及新能源曲线追踪方案制定具有重要作用。需求侧资源的特性主要表现为可调节、可转移、可中断等，决定了其参与清洁能源消纳的适用性。本节主要对中央空调、电锅炉、电动汽车等几类常见的需求侧资源进行特性分析。

8.3.3.1　中央空调

中央空调在满足用户舒适度的前提下根据调节指令进行调整，其可调节功率主要与空调额定功率 P_{CAC}^t 和设定温度 T 相关，$T \in [T_1, T_2]$，此区间为用户的舒适温度区间；可调节容量 Q_{CAC} 主要与空调个数 N、使用时长 T_{CAC} 相关，计算公式如式（8-10）所示：

$$P_{T_2}^t \leqslant P_{CAC}^t \leqslant P_{T_1}^t,\ T_1 \leqslant T_2$$

$$Q_{CAC} = N \sum_{t=1}^{T_{CAC}} P_{CAC}^t \tag{8-10}$$

8.3.3.2　电锅炉

蓄热式电锅炉设备将电能转化为热能，通过调控温度范围实现用电负荷调节。电锅炉可调节功率主要与锅炉额定功率 P_{EB}^t 和设定温度 T 相关，$T \in [T_1, T_2]$，此区间为用户的舒适温度区间；可调节容量 Q_{EB} 主要与锅炉个数 N、使用时长 T_{EB} 相关，计算公式如式（8-11）所示：

$$P_{T_1}^t \leqslant P_{EB}^t \leqslant P_{T_2}^t,\ T_1 \leqslant T_2$$

$$Q_{EB} = N\sum_{t=1}^{T_{EB}} P_{EB}^t \tag{8-11}$$

8.3.3.3　电动汽车

在不影响用户使用体验的前提下，可对电动汽车进行充放电管理，其具有可转移负荷特性。在保证电动汽车用户正常出行需求的情况下，灵活调节电动汽车充放电功率与充放电时间。单一电动汽车充电功率 P_{EV}^t 计算公式如式（8-12）所示：

$$P_{EV}^t = \begin{cases} P_{EV}, & t_{in} \leqslant t \leqslant t_{end} \\ 0, & t < t_{in}\text{或}t > t_{end} \end{cases} \tag{8-12}$$

$$t_{end} = t_{in} + t_\Delta \tag{8-13}$$

$$t_\Delta = (SOC_e - SOC_0)E / (\eta P_{EV}) \tag{8-14}$$

式中：P_{EV} 为电动汽车电池额定充电功率；t_{in}、t_{end} 分别为电动汽车接入电网时刻和电动汽车充电结束时刻；SOC_e 为车主期望的电动汽车电池荷电状态；SOC_0 为电动汽车接入电网时刻的电池荷电状态；η 为充电效率；t_Δ 为充电时间；E 为电动汽车电池容量。

电动汽车的可调节容量 Q_{EV} 主要与电动汽车个数 N、充电时间 T_Δ 相关，计算公式如式（8-15）所示：

$$Q_{EV} = N\sum_{t=1}^{t_\Delta} P_{EV}^t \tag{8-15}$$

8.3.3.4　储能系统

储能系统的实时功率 P_{ESN}^t 可表示为式（8-16），考虑到需要对新能源发电曲线进行全量跟踪，为避免偏差考核，储能系统的充放功率和系统容量需要满足式（8-17）。

$$P_{ESN}^t = \begin{cases} P(t)^+, & P_{ESN}^t \geqslant 0 \\ P(t)^-, & P_{ESN}^t < 0 \end{cases} \tag{8-16}$$

$$P_{ESN} \geqslant \max\left(\left|P_{ESN}^t\right|\right)$$

$$G_{ESN} \geqslant \sum_{i=1}^T P(t)^+ \tag{8-17}$$

$$\sum_{t=1}^T P(t)^+ = \sum_{t=1}^T \left|P(t)^-\right|$$

式中：$P(t)^+$、$P(t)^-$ 分别为储能系统的瞬时充电功率、放电功率；P_{ESN} 为储能系统的最小充放功率；G_{ESN} 为储能系统容量。

式（8-17）表明，储能系统的最小充放功率需满足使用时的最大充放电功率；储能系统最小容量须满足最大储存量，以保障新能源足额消纳和用户用电安全；储能系统的充电量与放电量相等，即在用户结束使用时，储能系统恢复初始状态，不存在结余电量。

8.3.4 聚合调控优化模型

8.3.4.1 目标函数与约束条件

虚拟电厂参与协同消纳交易跟踪新能源发电曲线的目标是实现净收益 R_m 最大，优化目标函数如式（8-18）所示：

$$\max R_m = \{(P_1 - P_2)Q_m + R^* - C_{ESN}\} \tag{8-18}$$

约束条件如式（8-19）～式（8-21）所示：

电量约束条件表明新能源分别由用户负荷、空调负荷、电锅炉负荷、电动汽车负荷消纳，运行周期末储能系统无电量结余。计算方式如式（8-19）所示：

$$Q_m = Q_U + Q_{CAC} + Q_{EB} + Q_{EV} \tag{8-19}$$

功率约束条件表明在任意时刻新能源发电出力等于用户负荷、空调负荷、电锅炉负荷、电动汽车负荷、储能系统的出力之和，即供需平衡。计算方式如式（8-20）所示：

$$P_{RE}^t = P_U^t + P_{CAC}^t + P_{EB}^t + P_{EV}^t + P_{ESN}^t \tag{8-20}$$

当虚拟电厂净收益 R_m 大于用户的预期收益时，认为方案可行。用户的预期收益一般为在峰谷分时电价方式下可获取的电费节省额。

8.3.4.2 求解方法

上述模型中的决策变量为中央空调、电锅炉、电动汽车、储能系统的出力值，其约束条件均为关于上述变量的线性表达，可以使用目前已广泛应用的 CPLEX 优化工具对其进行求解。

8.4 虚拟电厂参与协同消纳交易算例分析

本节通过算例分析验证所提出的协同消纳交易模型的可行性与有效性。首先说明算例的参数设置，根据 8.3 节所提的优化模型得出虚拟电厂参与协同消纳交易的优化结果，并将协同消纳交易模式与其他模式进行对比，充分分析协同消纳交易模式的有效性。

8.4.1　算例概况及参数设置

8.4.1.1　算例概况

算例以响应国家清洁低碳发展之路，大力扶持风电、光伏产业发展的某省为例，该省省内风电装机突破 10GW、光伏装机突破 7GW，但其新能源消纳量较滞后，占省内总用电量的比重不足 10%，难以完成该省的可再生能源消纳责任权重。为了促进省内清洁能源消纳，通过组织新能源发电企业、共享储能运营商和由需求侧资源聚合而成的虚拟电厂进行协同消纳交易。

参与交易的新能源发电企业共有两家，A 为光伏发电企业，B 为风力发电企业；参与储能服务竞价的共有 10 家供应商；参与交易的需求侧资源包括农贸批发市场、高级写字楼、制药工厂、大型商超、学校和电动汽车站枢纽中心。

8.4.1.2　参数设置

（1）新能源增量发电曲线预测。新能源增量发电曲线预测如图 8-5 所示，根据 8.3.2.1 节中的模型对参与交易的新能源发电企业次日的增量发电出力进行预测。光伏出力的波动区间为［0，15520］，风电出力的波动区间为［3290，12950］，新能源总发电出力的波动区间为［4500，18810］。由此可见，光伏发电与风力发电存在互补性，二者叠加的总发电曲线波动性较光伏曲线的波动性更小，减缓了电力系统的调节压力。然而，由于光伏发电出力时段更集中，新能源总发电曲线受光伏发电影响较大，仍呈现峰谷差异明显的特点，

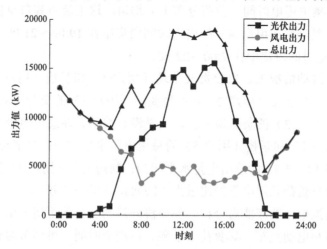

图 8-5　新能源增量发电曲线预测

需要由聚合需求侧可调资源的虚拟电厂积极参与响应，及共享储能运营商提供调节服务平衡系统供需。

（2）虚拟电厂内部聚合资源负荷预测。对参与交易的虚拟电厂内部聚合的 5 种用电负荷类型次日的负荷曲线进行预测，如图 8-6 所示。5 种用电负荷在用电特性上呈现较大差异，尤其是用电时间段、负荷波动、总用电量等方面差异明显。

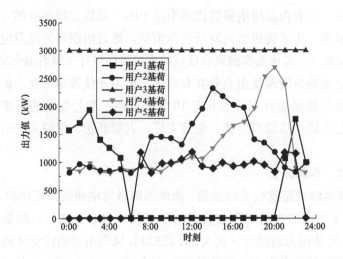

图 8-6　用户负荷预测数据

在用电时间上，农贸批发市场（用户 1）的用电时间集中在 21:00～次日凌晨 5 点；写字楼（用户 2）的用电时间集中在 13:00～16:00；制药工厂（用户 3）没有集中用电时间，负荷分布十分均匀，这主要由其自身特殊用电性质决定；大型商超（用户 4）的用电时间段集中在 19:00～21:00；学校（用户 5）的用电时间段集中在 7:00～22:00。

在负荷波动情况上，农贸批发市场（用户 1）和学校（用户 5）的负荷波动较平稳；写字楼（用户 2）和大型商超（用户 4）的负荷波动幅度较大，制药工厂（用户 3）的负荷最平稳，几乎没有波动。在总用电量上，农贸批发市场（用户 1）和学校（用户 5）的总用电量水平相当；写字楼（用户 2）和大型商超（用户 4）的总用电量水平相当；制药工厂（用户 3）的总用电量最大，占用户负荷总用电量的比重为 44.27%，如图 8-7 所示。

（3）虚拟电厂响应能力分析。参与协同消纳交易的可调节用户主要响应资源为空调和电动汽车，其负荷上下限、可调节时间、可调节时长分析情况如图 8-8、表 8-1 所示。通过图 8-8 的对比可以看出，各用户的响应资源在负荷可变动范围、总调节容量方面存在较大差异，这与需求侧响应资源本身的物理属性以及用户对该类资源的使用习惯密切相关。

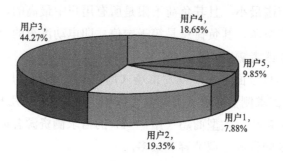

图 8-7　不同用户负荷占比

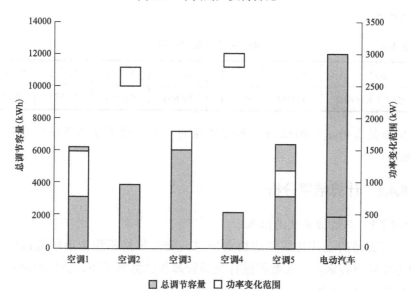

图 8-8　用户可调节特性

表 8-1　　　　　　　　　　需求侧资源响应能力调研数据

需求侧资源	空调 1	空调 2	空调 3	空调 4	空调 5	电动汽车
负荷下限（kW）	800	2500	1500	2800	800	500
负荷上限（kW）	1500	2800	1800	3000	1200	500
可调节时间	21:00～次日 5:00	8:00～20:00	0:00～23:59	11:00～21:00	7:00～22:00	0:00～23:59
可调节时长（h）	9	13	24	11	16	24

在负荷可变动范围方面，农贸批发市场（用户 1）的需求侧响应资源负

荷变动范围最大；写字楼（用户 2）、制药工厂（用户 3）、学校（用户 5）的需求侧响应资源负荷变动范围大致相当；大型商超（用户 4）的需求侧响应资源负荷变动范围最小，且其负荷下限是所有用户中最高的。电动汽车作为一类特殊的响应资源，其负荷总是等于定值，即电动汽车的负荷没有变动范围，总是等于 0 或者额定功率。

在总调节容量方面，农贸批发市场（用户 1）、制药工厂（用户 3）、学校（用户 5）的需求侧资源总调节容量大致相当，写字楼（用户 2）的需求侧资源总调节容量略少；大型商超（用户 4）的需求侧资源总调节容量最少；电动汽车的需求侧资源总调节容量最多。

（4）用户销售目录电价。参与协同交易的各用电主体的销售目录电价如表 8-2 所示。

表 8-2   用 户 目 录 电 价

用户	用户 1	用户 2	用户 3	用户 4	用户 5	电动汽车
目录电价（元/kWh）	0.5090	0.6664	0.6664	0.6664	0.8183	0.8283

按照某省份试行的辅助服务市场规则，本节设置储能系统容量价格 1 元/kW。

8.4.2 计算结果分析

8.4.2.1 双边协商交易结果

参与交易的主体达成双边协商协议，交易价格不作为市场披露信息，由电力交易中心掌握相关数据进行交易管理和结算等工作。新能源协同消纳交易价格如表 8-3 所示。

表 8-3   协同消纳交易价格

用户	用户 1	用户 2	用户 3	用户 4	用户 5	电动汽车
光伏（元/kWh）	0.3541	0.5462	0.4365	0.5223	0.3472	0.4357
风电（元/kWh）	0.3505	0.5245	0.3438	0.5109	0.2998	0.3897

可以看出，相较于目录电价，协同消纳交易给予了用户较大的电价优惠空间，主要原因在于当前可再生能源消纳责任权重暂未直接分配给企业，相关奖惩机制暂未完善，影响用户消纳意愿的主要因素仍是价格。随着全球绿电消费共识的逐步增强，相关主体的新能源消纳意愿进一步提高，双边协

商价格将呈现升高趋势。

8.4.2.2　共享储能运营商竞价结果

参与共享储能服务竞价的主体共有 10 家运营商，相关信息如表 8-4 所示。为了保证系统的平稳运行，历史响应指标在 0.6 以下的储能运营商不参与竞价。通过计算各储能运营商的排序指标及相应排名，在进行系统预出清优化时按照其排名顺序依次调用。排序指标无量纲，不具有实际物理含义，仅作为数据比较依据对参与竞价的储能运营商进行调用顺序排列。排序指标越大表明储能运营商的调节能力越高（即容量越大）、经济性越好（即价格越低）、历史表现越优良（即历史响应指标越大），在调用储能系统时越应得到优先调用。

表 8-4　　　　　　　　　　　储能服务竞价结果

储能编号	容量（kW）	价格（元/kWh）	历史响应指标	排序指标	排名
1	1000	0.140	0.80	5714.29	10
2	5000	0.176	0.99	28125.00	5
3	7000	0.042	0.90	150000.00	1
4	1000	0.102	0.64	6274.51	9
5	1000	0.114	0.90	7894.74	8
6	4000	0.078	0.63	32307.69	4
7	2800	0.184	0.85	12934.78	7
8	4000	0.165	0.77	18666.67	6
9	5200	0.084	0.94	58190.48	2
10	6000	0.121	0.84	41652.89	3

8.4.2.3　协同消纳的系统优化结果

根据 8.3 节的建模得到如图 8-9 所示的优化结果，具体数据参考表 8-5。可以看出，在储能运营商的作用下，新能源发电富余时被系统储存（0:00～17:00），发电短缺时被释放（18:00～23:00）。多类用户参与协同消纳交易的情况下更有利于系统平衡，如用户 1 的用电时间段集中在 21:00～次日 5:00，此时为风力发电高峰，用户 1 参与消纳缓解了增量风力发电对系统的冲击；用户 2、4、5 的用电时间段集中在 8:00～22:00，大部分时间与光伏发电相吻合，缓解了增量光伏发电对系统的冲击。虽然用户 3 的用电量较稳定，参与系统波动调节的能力欠佳，但其消纳电量占用户总消纳电量的比重最高（37%），对新能源的充分消纳起到了关键作用。

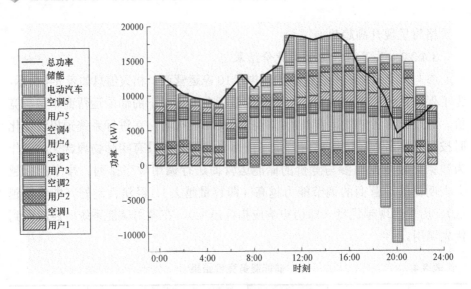

图 8-9　协同消纳的系统优化结果

8.4.2.4　结算结果

（1）消纳电量分析。按照新能源消纳电量分配机制对达成交易的新能源电量进行分解，得到如图 8-10、图 8-11 所示的分解结果。在光伏发电高峰，用户 2 和用户 4 对光伏发电进行了及时消纳；储能系统在光伏发电富余时进行了电量存储（6:00～16:00），并在用电高峰时及时释放（17:00～22:00）。在风力发电高峰，用户 1 和用户 3 对风力发电进行了及时消纳；储能系统在风力发电富余时进行了电量存储（0:00～5:00），并在用电高峰时及时释放（21:00～23:00）。

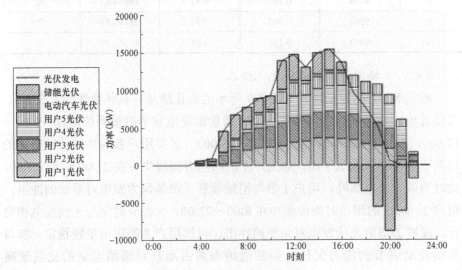

图 8-10　光伏发电分解结果

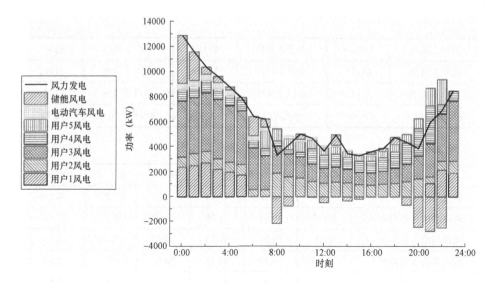

图 8-11　风力发电分解结果

用户的用电时间段对电量的分解结果有重要影响，这一点在表 8-5、表 8-6 中也有所体现。用户 1 的用电时间段多集中在夜间，与风力发电的高峰时段十分吻合，因此其风电消纳总量占自身总消纳量的比重达到了 93%。用户 2、用户 4 和用户 5 的这一特征也十分明显，其用电时间段多与光伏发电时间相吻合，因此其光伏发电消纳占到了自身总消纳量的六成左右。对于负荷波动较小的用户 3，影响其电量分解结果的主要因素是系统的电力供给状态。光伏发电高峰时系统的总负荷处于高位，光伏发电供给剩余减少，因此用户 3 被分配到较少的光伏发电量；风力发电高峰时系统的总负荷处于低位，风电供给剩余增多，此时用户 3 被分配到较多的风力发电量。总体来看，用户 3 被分配的风力发电消纳量高于光伏发电消纳量。电动汽车站是一类特殊的主体，作为用户其没有固定的负荷约束，作为需求侧响应资源，其负荷有定额功率输出约束，且依赖系统电力供给情况，因此电动汽车站的消纳电量分解结果同用户 3 的分解结果呈现一致特点，即系统的风力发电剩余时段多于光伏发电量剩余时段，因此电动汽车被分配到了较多的风力发电量（57.31%＞42.69%）。

表 8-5		各用户消纳电量分解汇总数据		（单位：kWh）	
总发	297120	光伏发电	148560	风力发电	148560
用户 1 总用	20128	用户 1 光伏	1379	用户 1 风电	18749
用户 2 总用	63974	用户 2 光伏	39009	用户 2 风电	24965

用户 3 总用	109168	用户 3 光伏	46545	用户 3 风电	62623
用户 4 总用	61133	用户 4 光伏	36652	用户 4 风电	24481
用户 5 总用	35217	用户 5 光伏	21772	用户 5 风电	13445
电动汽车总用	75 00	电动汽车光伏	3202	电动汽车风电	4298

表 8-6 　　　　　　　　　各用户消纳新能源电量占比　　　　　　（单位：%）

消纳类型	用户 1	用户 2	用户 3	用户 4	用户 5	电动汽车
光伏消纳（占自身）	6.85	60.98	42.64	59.96	61.82	42.69
风电消纳（占自身）	93.15	39.02	57.36	40.04	38.18	57.31
光伏消纳（占总量）	0.93	26.26	31.33	24.67	14.66	2.16
风电消纳（占总量）	12.62	16.80	42.15	16.48	9.05	2.89
总消纳	6.77	21.53	36.74	20.58	11.85	2.52

从消纳总量上看，用户 1、用户 3、电动汽车的风力发电消纳占比大于其总消纳量占比，用户 2、用户 4、用户 5 的光伏发电消纳量占比大于其总消纳量占比，这与上述分析结果一致。

（2）储能费用分摊结算分析。

1）储能系统运行状态数据计算。根据储能系统的运行状态数据计算方法和 8.4.2.3 中的系统优化结果计算出储能系统的调用情况和充放电状态。

各储能系统的负荷情况如图 8-12 所示，其充放电情况如图 8-13 所示。可以观察到，系统需要充电时，储能系统被按顺序依次调用，前一个储能系统到达储能容量最大值时启用下一个储能系统；系统需要放电时，采用"先进后出"法依次放电，即前一个储能系统的电量释放完毕后启用下一个储能系统的电量。这样的充放电顺序可以最大限度地保证系统的安全性、稳定性和经济性。

2）储能系统的度电费用分摊。储能系统的容量费用分摊涉及各主体的收益结算，因此在 8.4.2.5 进行说明，此处先对储能系统的度电费用进行结算。首先计算系统各时刻的度电费用。系统各时刻的度电费用与储能系统的充放电运行状态相关，计算得到各时刻的度电费用。其次，按照储能度电费用分摊计算方法，得出各主体的费用分摊结果如表 8-7 所示。储能系统总的度电费用为 8026.84 元，发电侧和用电侧 1:1 分摊，各承担 50%。这一结果与结算机制的设计紧密相关，本章在 8.3.3.4 提出当日交易结束后储能系统无剩余电量，储能系统的充电量与放电量相等，在储能系统对发用两侧主体不实行价格歧视的情况下，度电费用即按 1:1 分摊。若储能系统电量有结余或者储能商对发电侧、用电侧按不同标准收费，分摊比例会随之变化。

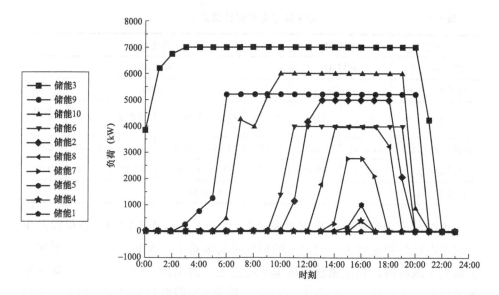

图 8-12　各储能系统的负荷情况

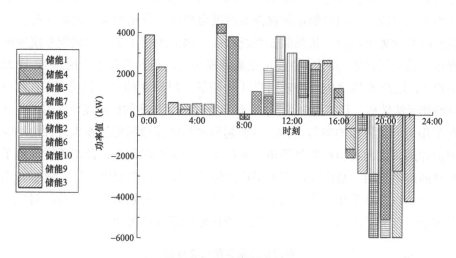

图 8-13　各储能系统的充放电情况

发电侧的储能度电费用分摊比例约为 4:1，造成费用差距悬殊的主要原因是光伏发电和风力发电的出力特性不同以及对储能系统的调用顺序等。每日的交易从 0:00 开始，此时为风力发电的高峰期，剩余的风电较多且优先被存储在容量较大、价格较经济的储能系统（3 号、9 号、10 号）。当光伏发电到达高峰时，剩余的光伏发电量只能依次存储在其他储能系统中，导致光伏发电企业承担了更多的储能度电费用。各主体度电费用分摊汇总见表8-7。

表8-7 各主体度电费用分摊汇总

主体侧	发电侧		用电侧					
分摊金额（元）	4013.42		4013.42					
分摊率（%）	50.00		50.00					
主体	光伏	风电	用户1	用户2	用户3	用户4	用户5	电动汽车
分摊金额（元）	3243.11	770.31	123.91	834.47	1186.21	1297.01	571.81	0.00
分摊率（%）	80.81	19.19	3.09	20.79	29.56	32.32	14.25	0.00
总成本（元）	8026.84							

各时刻度电费用汇总数据见表8-8。造成分摊费用不同的主要原因是用户的用电特性差异较大。用户1的用电时间多集中在夜间，此时电力系统处于供大于求阶段，储能系统的度电费用由发电侧承担，因此用户1的储能系统度电费用占比较小。用户2、用户4、用户5的用电时间集中于白天，虽然此时系统中的光伏发电量不断攀升，但因用户基荷较大，系统多数时间处于供小于求阶段，由用户侧承担储能系统度电费用；且用户4的用电基荷在用电高峰时期处于高位，依赖储能系统供能，因此承担了更多的储能系统度电费用。虽然用户2、用户5也在用电高峰期用电，但其总量小于用户4，因此用户2、用户5的度电费用较用户4的稍低。用户3的基荷较稳定，在用电高峰期无法转移，且其用电基数大，因此也承担了较多的储能度电费用。电动汽车作为一类特殊的参与主体，主要起到对系统富余新能源发电进行消纳响应的作用，因此其负荷都处于电力系统供大于求的时间段，此时由发电侧承担储能度电费用，故电动汽车不用承担储能系统的度电费用。从实际意义出发，电动汽车在发电富余时积极参与消纳，在发电短缺时减少负荷，对电力系统运营起到了积极作用，因此无须承担储能系统的度电费用。

表8-8 各时刻度电费用汇总数据

时间（h）	总度电费用（元）	时间（h）	总度电费用（元）	时间（h）	总度电费用（元）
0	162.37	3	30.82	6	386.60
1	96.77	4	44.14	7	457.26
2	24.25	5	42.00	8	31.46

续表

时间 （h）	总度电费用 （元）	时间 （h）	总度电费用 （元）	时间 （h）	总度电费用 （元）
9	136.00	14	418.42	19	1048.59
10	213.51	15	477.98	20	1298.82
11	408.94	16	141.09	21	659.82
12	528.00	17	283.08	22	177.83
13	445.28	18	513.83	23	0.00

8.4.2.5　各主体收益分析

（1）总收益分析。本算例新能源协同消纳交易共促进消纳 297120kWh 的新增新能源发电量，为新能源发电企业增加了 129618.17 元的电费收入，为虚拟电厂节省了 72130.33 元的电费开支，为储能运营商增加了 45026.84 元的收入，见表 8-9。

表 8-9　　　　　　　　　　总 收 益 汇 总

指标	单位	合计
总消纳	kWh	297120
总费用	元	129618.17
原费用	元	201748.50
节省开支	元	72130.33
容量费用	元	37000
度电费用	元	8026.84
储能费用	元	45026.84

本算例协同消纳交易中，光伏发电和风力发电各新增消纳 148560kWh 的电量。在消纳量相同的情况下，两者的电费收益不同，这主要与该省的新能源产业结构以及各新能源发电企业的成本相关。该省的风力发电产业发展较成熟，装机量大；而光伏发电产业处于发展初期，规模较小；这导致在面对市场竞价时风力发电的价格竞争激烈，风力发电企业会以更大的优惠力度争取客户，如图 8-14 所示。同时，产业发展进入成熟期，使得风力发电的平均成本、边际成本较光伏发电的相应成本更低，在竞价时可以给用户让出更大的优惠空间。新能源发电主体收益汇总见表 8-10。

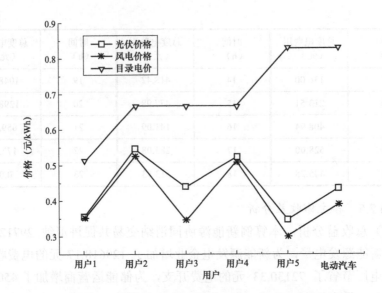

图 8-14   不同用电主体购买新能源发电的价格

表 8-10   新能源发电主体收益汇总

指标	单位	合计
光伏消纳量	kWh	148560
风电消纳量	kWh	148560
光伏收入	元	70210.11
风电收入	元	59408.06

此次协同消纳交易为虚拟电厂内部聚合用户节省了 72130.33 元的电费开支,各用户的收益情况如表 8-11 所示。其中,用户 3 和用户 5 的收益改善效果较显著,主要原因是其双边协商价格较低。尤其用户 5 的光伏发电、风力发电的双边协商价格与其他用户相比较优惠,在其目录电价最高的情况下,尽管用户 5 的总用电量为用户 2 和用户 4 的一半多,其收益改善情况更明显。用户 3 的收益效果改善明显得益于其较大的用电量,在每度电优惠空间相同的情况下,用电量越大收益改善的效果越明显。由此可见,用户的竞价能力、用电量对其收益结果有重要影响,因此用户在参加协同消纳的双边协商交易时要尽可能提升自己的价格谈判能力,争取更优惠的电价。同时,此交易对大用户更为利好,在交易开展初期交易中心可鼓励大用户积极参与,提升市场规模的发展速度。

表 8-11 用户收益分析汇总

指标	单位	用户 1	用户 2	用户 3	用户 4	用户 5	电动汽车
总消纳	kWh	20128	63974	109168	61133	35217	7500
光伏消纳	kWh	1379	39009	46545	36652	21772	3202
风电消纳	kWh	18749	24965	62623	24481	13445	4298
光伏费用	元	488.32	21306.96	20316.98	19143.50	7559.25	1395.10
风电费用	元	6571.51	13093.90	21529.72	12507.19	4030.80	1674.94
总费用	元	7059.83	34400.87	41846.70	31650.69	11590.05	3070.04
目录电价	元/kWh	0.5090	0.6664	0.6664	0.6664	0.8283	0.8283
原费用	元	10245.15	42632.27	72749.56	40739.03	29170.24	6212.25
节省开支	元	3185.32	8231.41	30902.86	9088.35	17580.19	3142.21

按照储能容量费用分摊机制，储能容量费由除储能运营商以外的受益主体按照收益比例进行分摊，如表 8-12 所示。协同消纳交易给发电、用电双方都带来了一定的经济效益，尤其是促进了增量新能源的消纳，因此新能源发电企业承担了更多的储能容量费用（64.25%）。用户侧的储能容量费用也按照收益比例进行分摊，可以看到由于用户 3、用户 5 的收益改善效果更明显，二者承担了较多的储能容量费用。

表 8-12 储能容量费用分摊

主体侧	发电侧		用电侧					
分摊金额（元）	23771.54		13228.46					
分摊率（%）	64.25		35.75					
主体	光伏	风电	用户 1	用户 2	用户 3	用户 4	用户 5	电动汽车
分摊金额（元）	12876.30	10895.24	584.18	1509.61	5667.49	1666.78	3224.15	576.27
分摊率（%）	34.80	29.45	1.58	4.08	15.32	4.50	8.71	1.56
总成本（元）	8026.84							

（2）储能运营商收益分析。储能运营商的各时刻结算数据汇总如表 8-13 所示。储能运营商的总收益主要与其容量和度电费用报价密切相关。容量越大，在既定的容量费用补偿系数下的收益越高；度电费用报价越高，其度电费用收益越大。值得关注的是，根据储能服务报价机制，容量越大会使得储能运营商的排名越靠前，中标概率越高；价格越高，会使得储能运营商的排

名越靠后，中标概率变低。因此，在最低收益的约束下，容量大的储能运营商可以尽可能报高价，容量小的储能运营商要对价格进行谨慎评估，降低报价以确保自己中标。

表 8-13 各储能运营商收益分析

储能运营商排名（编号）	容量（kW）	度电费用报价（元/kWh）	容量费用补偿系数（元/kW）	容量费用收益（元）	度电费用收益（元）	总收益（元）
1（3）	7000	0.042	1	7000	588.00	7588.00
2（9）	5200	0.084	1	5200	873.60	6073.60
3（10）	6000	0.121	1	6000	1514.92	7514.92
4（6）	4000	0.078	1	4000	624.00	4624.00
5（2）	5000	0.176	1	5000	1760.00	6760.00
6（8）	4000	0.165	1	4000	1320.00	5320.00
7（7）	2800	0.184	1	2800	1030.40	3830.40
8（5）	1000	0.114	1	1000	228.00	1228.00
9（4）	1000	0.102	1	1000	87.92	1087.92
10（1）	1000	0.140	1	1000	0.00	1000.00

汇总各主体的收益、储能总费用、净收益如表 8-14 所示。协同消纳交易为参与交易的各方带来了实际的经济效益，增加了社会的总体福利水平，尤其是在促进新能源消纳方面起到了显著作用，同时给电力用户带来了较大的降费空间。

表 8-14 各主体净收益分析 （单位：元）

主体	收益	储能总费用	净收益
光伏发电	70210.11	16119.41	54090.70
风力发电	59408.06	11665.55	47742.51
用户 1	3185.32	708.09	2477.23
用户 2	8231.41	2344.09	5887.32
用户 3	30902.86	6853.69	24049.17
用户 4	9088.35	2963.78	6124.57
用户 5	17580.19	3795.96	13784.23
电动汽车	3142.21	576.27	2565.94
合计	201748.51	45026.84	156721.67

8.4.3　效益对比分析

8.4.3.1　与仅有储能参与响应的模式效益对比

为说明需求侧响应资源在协同消纳模式中所起到的重要作用，本节将协同消纳交易模式的效益与仅有储能参与响应的模式效益进行对比分析。

假设在仅有储能参与的模式下，新能源发电企业的预测出力不变，用户的基荷不变，需求侧资源以平均负荷水平运行，即以协同消纳模式下的各需求侧资源的总用电量除以运行时长得到平均负荷水平。各时刻下电力系统各主体的负荷状态如图 8-15 所示，各用户用电量和费用支出如表 8-15 所示。

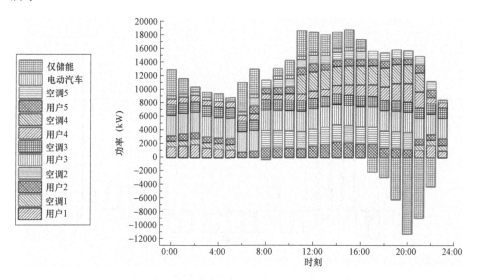

图 8-15　仅有储能参与的系统出力情况

表 8-15　　　仅有储能参与响应模式、协同消纳模式下的
各用户用电量和费用支出汇总

主体	仅储能用电量（kWh）	仅储能总支出（元）	协同消纳用电量（kWh）	协同消纳总支出（元）	用电量增减变化（kWh）	支出增减变化（元）
用户 1	20130	7767.58	20128	7767.92	−2	0.34
用户 2	63974	36748.41	63974	36744.95	0	−3.46
用户 3	109152	48729.31	109168	48700.39	16	−28.92
用户 4	61133	34612.57	61133	34614.46	0	1.89

续表

主体	仅储能用电量（kWh）	仅储能总支出（元）	协同消纳用电量（kWh）	协同消纳总支出（元）	用电量增减变化（kWh）	支出增减变化（元）
用户 5	35217	15384.04	35217	15386.01	0	1.97
电动汽车	7500	3645.94	7500	3646.31	0	0.37

　　与仅有储能参与响应模式相比，协同消纳模式下用户增加消纳了 14kWh 的清洁能源电量，反而节省了 13.72 元的电费支出。由于虚拟电厂聚合的需求侧资源参与响应，储能系统减少了出力，因此节省了储能费用，也提高了储能资源的配置效率，如图 8-16 所示。

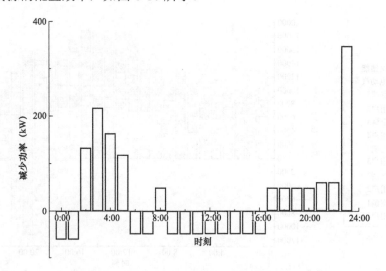

图 8-16　虚拟电厂参与下储能系统减少出力情况

8.4.3.2　与峰谷分时电价模式效益对比

　　该省的峰谷分时电价如表 8-16 所示。若上述用户参加峰谷分时响应，则假设其可调节资源以最低负荷运行，电动汽车仅在平时段、低谷时段用电。各用户的负荷状态如图 8-17 所示。

表 8-16　　　　　　　　**峰 谷 分 时 电 价 表**

时段	高峰时段（8:00～11:00，15:00～21:00）	平时段（12:00～16:00，22:00～23:00）	低谷时段（0:00～7:00）
电价（元/kWh）	1.0697	0.6418	0.3139

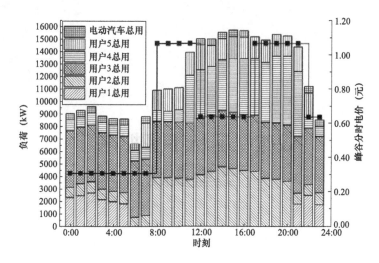

图 8-17　峰谷分时电价模式下系统负荷状态图

　　将峰谷分时模式、协同消纳交易模式下的各用户用电量和费用支出进行整理，见表 8-17。与峰谷分时模式相比，协同消纳交易模式下用户多消纳了 7674kWh 的清洁能源电量，节省了 68454.89 元的电费支出，这得益于双边协商的低电价。虚拟电厂聚合的用户中，电动汽车在参与协同消纳交易后的支出增加，这是由于在峰谷分时模式下，电动汽车可以在低谷用电时段进行响应，此时的电价低于双边协商电价。因此对于电动汽车这类可以随着电价灵活变动的负荷，更愿意参加峰谷分时模式，以享受更大的电价优惠。

表 8-17　　　　　　　　峰谷分时模式、协同消纳模式下的
各用户用电量和费用支出对比

主体	峰谷分时用电量（kWh）	峰谷分时总支出（元）	协同消纳用电量（kWh）	协同消纳总支出（元）	用电量增减变化（kWh）	支出增减变化（元）
用户 1	20022	9128.94	20128	7767.92	+106.00	−1361.02
用户 2	63974	52642.81	63974	36744.95	0.00	−15897.86
用户 3	108000	74839.95	109168	48700.39	+1168.00	−26139.56
用户 4	61133	50529.13	61133	34614.46	0.00	−15914.67
用户 5	28817	24672.21	35217	15386.01	+6400.00	−9286.20
电动汽车	7500	3501.90	7500	3646.31	0.00	144.41

第9章

"双碳"目标下虚拟电厂典型实践

在我国新发展格局与高质量发展战略以及"双碳"目标的指导下,电力行业面临着保障安全、低碳发展和经济运行的多维度目标。需求侧存在海量"沉睡"资源,亟待唤醒调动,拓展资源边界。

"虚拟电厂运营"是电力行业推进发展的重点任务之一。自2019年起,上海、冀北两地作为虚拟电厂第一批试点单位,开始了系统运行、市场建设、新兴市场主体培育、虚拟电厂管控运营等方面的探索。本章将系统介绍面向超大城市的上海虚拟电厂和面向绿色冬奥的冀北虚拟电厂两大实践,展现新型电力系统下虚拟电厂作为激发各类分散资源规模化参与系统调节的关键作用,对进一步探索能源新业态、新模式,促进新能源消纳、减少碳排放,助力"双碳目标"实现具有重要意义。

9.1 面向超大城市的上海虚拟电厂实践

随着新型电力系统的建设,电力系统灵活性亟待提升,有必要充分挖掘需求侧资源调节潜力,促进大规模清洁能源消纳。商业楼宇、电动汽车、分布式能源、5G基站等用户灵活资源快速发展,虚拟电厂建设多集中在北京、上海、深圳等受端电网区域。然而,我国新能源多集中在西北、华北、东北区域,能源供需发展不平衡矛盾凸显。因此,亟待挖掘虚拟电厂支撑新能源远距离消纳的市场机制。

上海电网作为支撑社会主义现代化国际大都市的典型超大城市电网,随着第三产业用电比重逐步上升、负荷峰谷差不断拉大,其对能源安全清洁和优化配置资源提出了高标准和高要求。上海电网作为典型的超大城市电网，负荷峰谷波动剧烈，2021 年最大峰谷差率高达 44.3%，造成本地发电机组频繁启停，严重影响机组的安全性，限制了低谷轻负荷时段对区外清洁能源的消纳。然而，城市电网中空调、电动汽车、储能等需求侧资源丰富，且未得到充分挖掘，亟待挖掘需求侧潜力，提高电网韧性，实现超大型城市的能源安全保障和绿色低碳发展。因此，由建筑楼宇、分布式能源、电动汽车、三联供等资源构成的各类虚拟电厂，可以有效提升需求侧响应能力，完善电力调峰机制，提高电力供应安全与应急保障水平。充分利用市场化手段调动需求侧资源聚合至虚拟电厂，提升灵活响应积极性，一方面通过需求响应市场，配合电网削峰填谷，促进新能源本地消纳；另一方面，通过跨省跨区交易，保障新能源能发尽发，能用尽用，促进大规模消纳，提高清洁能源消纳水平，减少弃风弃光，加快能源转型，有效助力"双碳"发展目标。

根据上海市电力体制改革重点工作安排，开展虚拟电厂参与需求响应市场化交易试点，加快建设需求响应电力市场交易机制，提高上海特大型城市受端电网安全运行水平和运行效能，更好地促进清洁能源消纳，助力打造新时代共生、共建、共享、共赢的智慧城市能源生态圈。

9.1.1 上海虚拟电厂发展历程

上海虚拟电厂发展历程如图 9-1 所示。

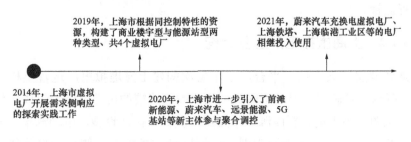

图 9-1 上海虚拟电厂发展历程

从 2014 年开始，上海作为虚拟电厂全国试点地区之一开展需求侧响应的探索实践工作。根据上海可聚合资源的不同特点，充分利用现有建设基础，以包含柔性负荷、储能、分布式电源、充电桩等不同控制特性资源，考虑不同运营场景，分别构建了商业楼宇型与能源站型两种类型的虚拟电厂。

2019 年，选取上海市黄浦区商业楼宇、世博 B 片区综合能源中心、电力公司自有楼宇等地区作为试点。在增强对聚合资源的自动化控制方向上，将黄浦区商业楼宇虚拟电厂（腾天技术服务公司）作为试点开展建设；在增强平台综合控制能力、优化楼宇的用能策略的方向上，将世博B片区作为试点构建可发可用双向调节的虚拟电厂；同时将电力公司自有楼宇作为试验田，开展虚拟电厂感知层设备研发、试用，运行控制平台开发等工作。

2020年，进一步引入了前滩新能源、蔚来汽车、远景能源和5G基站等新主体参与聚合调控，有效扩充虚拟电厂建设范围，丰富建设类型。

2021年，上海市虚拟电厂的参与方式主要通过聚合形式参与，将各级别虚拟电厂进行统一，共同参与市场运营。申能储能虚拟电厂以负荷集成商的形式接入上海电力交易平台，统一进行响应申报及接收虚拟电厂指令，并将负荷自动分配至各场站。接入申能储能云平台的场站以用户侧储能场站为主，可以基于大数据分析评估储能场站的充放电响应能力，充分挖掘场站响应能力并提高响应精度。上海黄浦区博荟大厦B座的远景虚拟电厂通过协同光储充负荷等能源资源，高精度预测负荷及需量，优化需求侧响应等市场的交易策略，最大化收益，降低碳足迹。为电力市场交易的整个生命周期提供一站式服务，并实现了数字化、自动化、智能化的全价值链管理。上海铁塔总计2.6万个5G站点，每个站点负荷电力规模为10kW，平台对上可对接电力接口、对下可以对接铁塔接口，实现需求响应执行、控制和过程监管。

9.1.2 上海虚拟电厂运营架构

从资源层、聚合层、平台层三个层次构建上海虚拟电厂运营架构，如图9-2所示。资源层主要由不同类型用户响应终端的可调节资源组成，包括分布式电源、小火电、新能源、常规用户负荷、储能设施、电动汽车、充电桩等。聚合层主要通过不同类型、不同区域的虚拟电厂侧系统将单体容量小、资源数量多、种类丰富的可调节资源进行汇聚和优化控制。平台层包括虚拟电厂电力交易平台、虚拟电厂调度控制平台、虚拟电厂管理平台和虚拟电厂侧平台，通过各平台的协调配合实现虚拟电厂的注册、交易、运行和结算全流程管理。

上海虚拟电厂运营通过"四个平台"协调开展，即虚拟电厂电力交易平台、虚拟电厂管理平台、虚拟电厂调度控制平台和虚拟电厂侧平台，形成虚拟电厂运营业务体系，构建能源互联网生态圈，如图9-3所示。

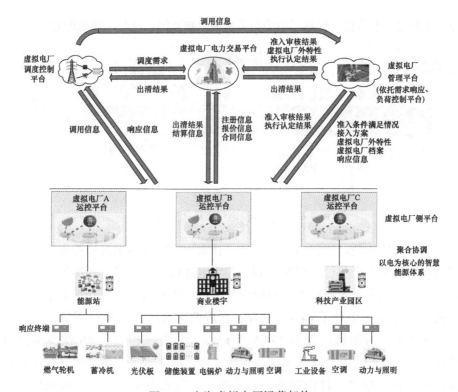

图 9-2 上海虚拟电厂运营架构

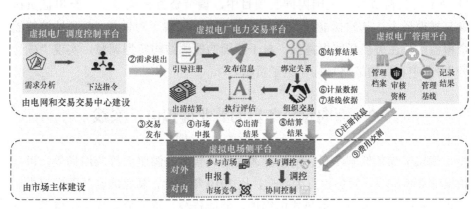

图 9-3 上海虚拟电厂运营业务体系

9.1.3 上海虚拟电厂运营情况

2019—2021 年，上海虚拟电厂共组织 9 次虚拟电厂市场化交易，健全了虚拟电厂市场化交易，提升了虚拟电厂参与电网市场化调节的能力和积极性，如图9-4所示，削峰中长期交易市场化交易电量最多。同时，虚拟电厂运营有效保障了电网运行安全性，促进了电力负荷资源余缺互济，优化了资源配置。

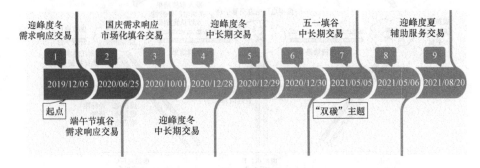

图 9-4　上海虚拟电厂市场化交易情况

值得一提的是，2021 年 5 月 6 日，首次大规模使用上海虚拟电厂进行节能减碳，对上万个单位的照明、制冷等用电进行远程管理、精准调控，将节约的负荷空间代替发电厂参与电网运行，在不影响日常生活的前提下，整个电网的用电负荷上升了 41.2 万 kW。在近两天时间内，累计调节电网负荷56.2 万 kW，消纳清洁能源 123.6 万 kWh。其中，相当于 4h 减少碳排放336t。这一需求响应行动精准调动工业生产、商业楼宇、微电网、分布式能源、冷热电三联供、储能设施、冰蓄冷、公共充电站、小区居民充电桩等11 种不同负荷资源，是国内同类项目中，调节资源种类最全、充电桩负荷参与规模最大、基站储能参与度最高的一次，实现了对铁塔 5G 基站储能的全覆盖，并在央视新闻中播报。对于我国的能源结构转型调整，实现"碳达峰""碳中和"的战略目标作出了贡献。

9.2　面向绿色冬奥的冀北虚拟电厂实践

聚焦于绿色低碳冬奥、清洁能源消纳、智慧能源服务等应用场景，以解决实际业务痛点、服务盲点为导向，从 2019 年开始，冀北地区开展虚拟电厂试点，将张家口风电、蓄热式电锅炉、储能资源、承德分布式光伏资源、秦皇岛抽水蓄能、热泵资源、唐山工业柔性负荷资源、廊坊商业柔性负荷资源等连接起来，形成一个集群的、能效优化互补的、能与电网进行良性互动的、能产生商业效益和平台价值的虚拟电厂综合示范。

9.2.1　冀北虚拟电厂运营架构

冀北虚拟电厂示范工程一期总体架构为"一个平台"+"两张网络"+"多

方应用",如图9-5所示。其中,"一个平台"为虚拟电厂智能管控平台;"两张网络"包括以智能配电网为核心的虚拟电厂多能流网络与以"感知层、网络层、平台层、应用层"架构为核心的虚拟电厂电力物联网络;"多方应用"是指对内与营销部、电网调度、交易中心对接,对外鼓励能源生产供应企业、工商业或居民用户等多方参与,共享创新成果。

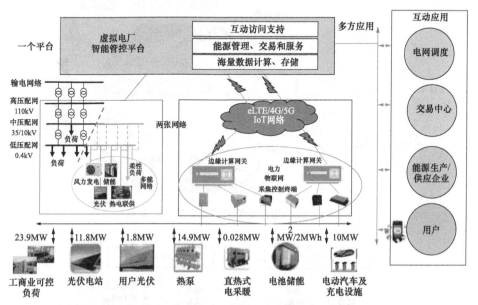

图9-5 冀北虚拟电厂示范工程一期架构图

以需求为导向,冀北虚拟电厂打造面向用户体验的门户平台和App,为用户提供更智慧、便捷、高效、个性化的能源服务,如图9-6所示。融合大云物移智等先进智能化技术,利用电脑智能代替人力管理,为分布式能源大规模复杂调度管理提供有效途径,为物联网时代智能家居提供统一入口。提供虚拟电厂全景全息实时监控服务,让用电、能耗、能效数据信息覆盖各家各户,让用户实时了解用能信息,感受绿色电力消费。通过虚拟电网门户平台,用户可委托管理和运营用户能源资产,如分布式光伏、储能、蓄热式锅炉等,连接各类用户侧互动资源,为冬奥场馆、智能楼宇、智能家居系统提供各类负载能耗信息和能效分析,结合用户体验,通过云计算为用户提供最优化的智慧能效管理服务。

为保障2022年北京—张家口冬奥会的绿色用电,冀北虚拟电厂聚合冬季两项造雪机等场馆资源,空气能装置、空调机组、蓄热式电锅炉、储能等场馆周边资源，构建基于边云协同的虚拟电厂调控架构，如图 9-7 所示。通过与电网调度和电力交易的互动，形成新能源供应不足场景下对虚拟电厂可调资源的用电削减和增加储能放电。在新能源供应充足场景下形成对虚拟电厂可调资源的最大用电，支撑冬奥场馆 100%绿色电力供应。

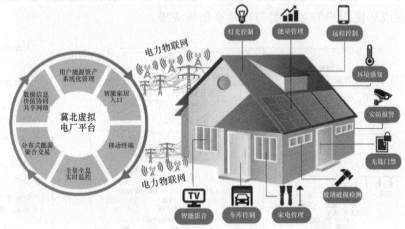

图 9-6　面向用户体验的冀北虚拟电厂架构

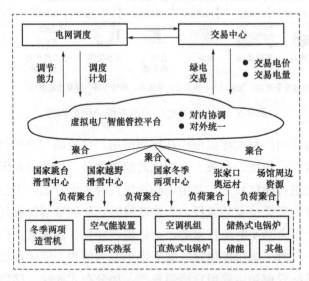

图 9-7　面向绿色冬奥的冀北虚拟电厂架构

虚拟电厂与交易平台、调度系统的业务交互流程如下。

（1）虚拟电厂将冬季两项造雪机等场馆资源，空气能装置、空调机组、蓄热式电锅炉、储能等场馆周边资源聚合为不同的资源集群，并将不同的资源集群接入虚拟电厂智能管控平台，在电力交易中心进行市场注册。

（2）交易中心与调度中心进行注册信息的线上交互。

（3）调度机构组织对注册主体进行技术测试，确保数据准确性和可靠性规范要求。

（4）虚拟电厂直接对接调度系统进行市场申报，或通过交易中心进行外网系统进行市场申报。

（5）调度机构进行报价数据接收、数据解析、数据校核后，进行市场统一优化出清，并对虚拟电厂下达调用信息。

（6）虚拟电厂平台将运行信息上报给调度平台。

（7）调度机构将出清结果推送至交易平台，电网公司将计量数据或基线信息推送至交易平台。

（8）交易中心对虚拟电厂进行市场结算并推送至虚拟电厂主体。

（9）虚拟电厂按照合同约定，完成对聚合资源的收益分配，并上报交易中心。

（10）交易中心对具体资源出具结算依据，同时将结算结果推送至电网企业进行费用支付。

9.2.2 冀北虚拟电厂运营分析

冀北虚拟电厂通过聚合用户侧资源，在新能源大发期间快速增加用电需求，达到与传统电厂同样的调节效果，并获得与调峰贡献相匹配的市场化收益。2019 年 12 月—2020 年 4 月，冀北虚拟电厂调节里程达 785 万 kWh，收益约 160.4 万元，成为与电力系统实时互动的虚拟电厂，不依赖政府补贴模式、实现市场化运营的虚拟电厂，部署在互联网平台、用户处可以通过多渠道与电力系统深度互动的虚拟电厂。

整体运营效果如图 9-8 所示，虚拟电厂积极响应电网调度实时指令，在

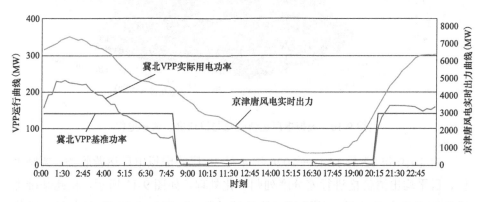

图 9-8 冀北虚拟电厂典型日（2020 年 2 月 7 日至 2020 年 2 月 8 日）运行曲线图

电网晚高峰时期将用电后延，到电网低谷调峰困难时期，快速抬升低谷用电负荷，实时响应电网 AGC 指令，提升电网综合运行能效和安全稳定运行水平，有效促进了新能源消纳。

虚拟电厂运营收益与调节里程、出清价格呈正相关态势，如图 9-9 和图 9-10 所示。以 2020 年 2 月 23 日为例，当日虚拟电厂根据电网需求积极调节用电情况，当日调节里程达 12.05 万 kWh。同时，当日平均出清价格为 399.25 元/MW，处于较高水平。虚拟电厂当日收益为投运期间最高水平，达到 87837.4 元。

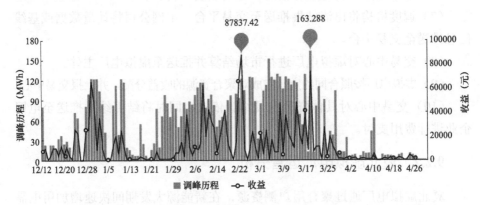

图 9-9　冀北虚拟电厂运营情况统计图（2019 年 12 月 12 日至 2020 年 4 月 30 日）

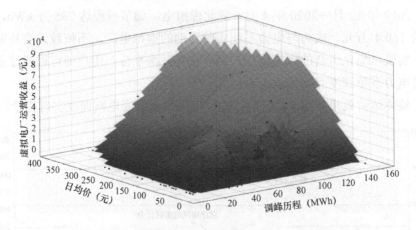

图 9-10　虚拟电厂运营收益与日均价、调峰里程

对 2019 年 12 月 12 日—2020 年 4 月 30 日的虚拟电厂运营收益、调峰里程、日平均出清价格进行差分序列归一化处理，如图 9-11 所示，在此基础上采用双因素方差分析，结果显示检验统计量 F 值为 0.00486（小于标准值

3.90973），表明调峰里程、日平均出清价格对虚拟电厂运营收益有显著性影响。

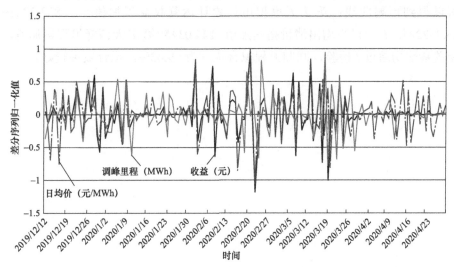

图 9-11 虚拟电厂运营收益、调峰里程、日平均出清价格进行差分序列归一化值

通过对原始数据的分析，并降低日平均出清价格为零时对调峰里程与收益相关性的影响，虚拟电厂运营收益与调峰里程和日平均出清价格的相关系数分别为 0.621 和 0.712，灰色关联度为 0.745 和 0.778。将虚拟电厂运营收益、调峰里程和日平均出清价格序列分别累加归一化后，虚拟电厂运营收益与调峰里程和日平均出清价格的相关系数分别为 0.9966 和 0.9940，相关性明显提升，可以通过原序列累加生成新序列，在新序列基础上进行回归分析，实现基于调峰里程和日平均出清价格数据对虚拟电厂运营收益的预判。虚拟电厂累计运营收益预测见图 9-12。

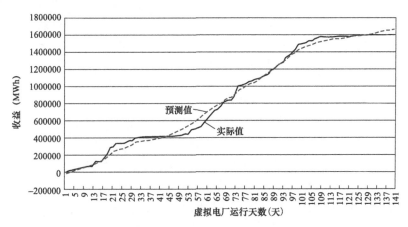

图 9-12 虚拟电厂累计运营收益预测

以调峰里程和日平均出清价格为自变量，虚拟电厂运营收益为因变量，可以得到预测曲线：第 T 天虚拟电厂累计运营收益累加值=−26833.2341+36.2522×第 T 天日平均出清价格累加值+144.0345×第 T 天调峰里程累加值，相关参数均通过 t 检验，回归方程拟合优度为 99.43%，拟合效果较好。

第10章

新型电力系统平衡模式下虚拟
电厂发展展望

"双碳"目标及大规模新能源接入给新型电力系统的供需平衡与安全可靠运行带来挑战。虚拟电厂作为聚合运营分布式能源资源的重要业态,在新型电力系统建设过程中承担重要作用。随着新能源占比的进一步提升,在适应新型电力系统发展的新型平衡模式下,有必要提出虚拟电厂作为新模式与新业态的发展方向。本章阐述了平衡单元的运行机理,提出基于平衡单元的新型电力市场平衡模式;分析虚拟电厂参与平衡单元模式的优势,提出虚拟电厂作为能源产消者、平衡单元责任人、平衡服务提供商等参与平衡单元运营的商业模式,并提出相关发展建议。

10.1 基于平衡单元的新型电力市场平衡模式

随着大规模新能源电力接入电网,电力系统需要在随机波动的负荷需求与随机波动的电源之间实现能量的供需平衡,其结构形态、运行控制方式以及规划建设与管理将发生根本性变革,如何在新能源大规模接入下保障新型电力系统平衡是面临的重要挑战。新型电力系统需要满足的最基本要求是电力电量平衡,建立有效的市场平衡机制对新能源消纳和电力系统实时平衡有积极作用。

10.1.1 平衡单元概述

10.1.1.1 德国平衡单元的概念

平衡单元(Balancing Units,BUs)是新能源占比较大的电力市场中的重要概念和核心工具。以德国电力市场为例，一个平衡单元需由位于同一个输电系统控制区内的多个发电商、售电商和终端用户共同组成，即同一个平衡单元的全部内部成员需隶属于同一个调度区域，不能跨区域形成平衡单元。在此基础上，对平衡单元的内部成员没有地理区域的限制。平衡单元的市场结构图如图 10-1 所示，在调度区域 n 为，共有 k 个平衡单元，第 i 个平衡单元 B_i^n 包含位于同一输电区域的发电商、售电商和终端用户。以德国为例，四大输电系统运营商将德国电网分为四个不同的调度区域，每个调度区域包含多个平衡单元。

图 10-1　平衡单元结构图

作为虚拟的市场基本单元，平衡单元内部发电商的发电和终端用户的用电必须实现实时平衡，当内部单元不能自平衡时，需要通过与其他平衡单元买入或卖出电量保持内部自平衡。

10.1.1.2　德国平衡单元运行机理

平衡单元由平衡单元责任人在区域输电系统运营商的管理下经营，其业务包括预测平衡单元内部的发用电情况，购买或卖出平衡电力。各个平衡单元责任人负责预测平衡单元内部发用电情况，根据需要买入或卖出电量，使该平衡单元的发用电电量实时平衡。上述与其他平衡单元进行的计划电力交换被平衡单元负责人制成计划后上交给区域输电系统运营商，由区域输电系统运营商统筹制订调度计划，满足区域电力供需平衡。平衡单元运行机理如图 10-2 所示。

准确的预测对平衡单元的运行至关重要，包括对平衡单元内部新能源机组发电的预测以及负荷用电的预测。通过准确的预测，平衡单元责任人能够提前制订平衡单元之间的电力交换计划，有效保障平衡单元的自平衡。

然而，在电网实际运行过程中，电力供需平衡调度面临多种挑战，如用户用电负荷波动、发电机组不可预测的故障、新能源发电的波动性等，这些问题会造成负荷预测或发电预测的偏差，导致平衡单元的不平衡风险增加。当平衡单元的预测和实际运行发生偏差时，区域输电系统运营商在电力平衡市场上公开招标所需的备用容量所产生的平衡费用由平衡单元承担。

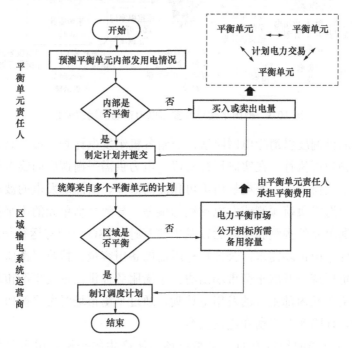

图 10-2 平衡单元的运行机理

针对平衡单元在实际运行中产生的不平衡偏差，由区域输电系统运营商管理和协调所有平衡单元之间的电力流动以弥补。平衡单元责任人预测的准确程度，直接影响平衡单元在电力交易中的收益。同时，区域输电系统运营商的收益在一定程度上与平衡单元的预测准确率相关，当区域输电系统整体电力偏差较大时，区域输电系统运营商会增加备用服务购买成本。因此，准确的负荷与发电量预测，尤其是对不稳定的新能源出力预测，反映了区域输电系统运营商与平衡单元责任人的利益诉求，该诉求反向激励二者提高预测精确度。

在德国电力市场设计中，发电商、售电商、虚拟电厂等市场主体提前将中长期、现货交易结果及发用电计划发送至其所属的平衡单元，平衡单元将各主体的中长期、现货交易结果及发用电计划、与其他平衡单元进行的电力交换计划提交至输电系统运营商（TSO），TSO 统筹考虑全网资源，提前预留平衡服务资源，完成全网发用电计划整体安排，如图 10-3 所示。

在"再调度"阶段，由于德国目前为单一价区，欧洲统一日前、日内交易并未考虑德国国内输电约束，日前市场闭市后，TSO 根据阻塞情况，对发

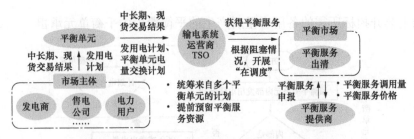

图 10-3 德国平衡单元参与电力市场的运营流程

电机组开展再调度以消除电网阻塞，更新各机组发电计划，最终确保达成的交易计划物理可执行。在实时运行阶段，电力供需平衡调度面临多种挑战，如用户用电负荷波动、发电机组不可预测的故障、新能源发电的波动性等，这些问题会造成负荷预测或发电预测的偏差，导致平衡单元的不平衡风险增加。当平衡单元的预测和实际运行发生偏差时，TSO 组织与运行平衡市场，根据区域内平衡市场需求，公开招标所需的备用容量，接收平衡服务提供商上下调报价后统一开展平衡市场出清。平衡服务提供商依据平衡市场交易结果更新平衡单元内部主体的发用电计划，通过平衡市场激发平衡服务资源的调节能力，保障实时平衡和电网安全。

在平衡市场的结算方面，平衡市场中所产生的平衡费用由平衡单元承担，由 TSO 对平衡单元和平衡服务提供商出具不平衡结算依据。平衡单元依据结算单对单元内部市场主体的不平衡偏差电量进行结算，并向 TSO 支付不平衡费用。TSO 向平衡服务提供商支付平衡服务费用，平衡服务提供商依据结算单对内部成员分配平衡服务费用，并向 TSO 支付输电费。德国平衡市场结算机制如图 10-4 所示。

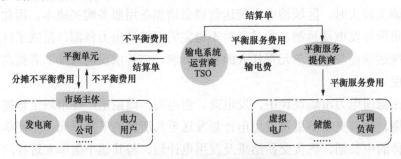

图 10-4 德国平衡市场结算机制

10.1.2 基于平衡单元的新型电力市场平衡模式

平衡单元是新能源占比较高的电力市场设计核心，利用分而治之的平衡机制控制电网平衡，如在德国电力市场，约有 2700 多个平衡单元。随着平衡单元预测精度的提高，平衡单元的平衡控制能力提高，减小系统对平衡功率的需求，进一步提升新能源的消纳水平。基于平衡单元的新型电力市场平衡模式，加上对可再生能源发电量的精准预测，能有效降低系统平衡成本。持续提高新型电力系统的灵活性，有利于发挥现货市场的作用，是实现能源转型的关键措施之一。

我国多数省份供需不均衡、省间交易占比较大。根据国家能源局统计数据，2022 年，我国跨省跨区市场化交易电量首次超 1 万亿 kWh，同比增长近 50%。为适应新型电力系统发展提供灵活性供需能力，有必要提高区域电力互济能力，在空间维度实现互联互济。

与德国平衡单元机制设计相比，我国基于平衡单元的新型电力市场平衡模式需考虑分层分区设计，基于我国互联电力系统，设计基于平衡单元的新型电力市场平衡模式，如图 10-5 所示，在全国统一电力市场建设框架下，由多个省级平衡区构成区域平衡区，区域平衡区的平衡调节由区域输电系统运营商负责。区域输电系统运营商优先通过调度区域内省级平衡区的能量流动维持区域内的电力电量平衡，当调度区域内的省级平衡区难以维持区域内部的平衡时，区域输电系统运营商与其他区域输电系统运营商或区域平衡服务提供商通过电力交易，实现区域内部平衡。同时，在由多个平衡单元构成的省级平衡区，由平衡责任主体通过调控平衡单元内部发电、用电情况，实现平衡单元的内部平衡；若平衡单元内部平衡难以通过调控内部资源实现，则通过与同一省级平衡区内的其他平衡单元或省级平衡服务提供商的电力电量交易，实现省级平衡区内平衡单元的自平衡。

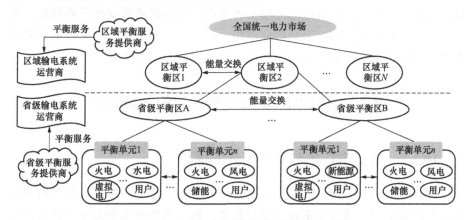

图 10-5　基于平衡单元的新型电力市场平衡模式

在我国省间省内协调、省间市场出清结果作为省内市场运行边界的电力市场运营模式下，平衡单元可在实时平衡阶段发挥作用。在省间市场，送受端的市场主体确定省间中长期交易、省间现货交易出清结果；在省内市场，将省间市场的出清结果作为边界，确定省内市场的中长期交易、现货交易出清结果。在实时平衡阶段，为应对平衡责任主体运行中产生的偏差，由省级平衡服务提供商向省级平衡区提供平衡服务，区域平衡服务提供商为区域平衡区提供平衡服务。

10.1.3 平衡单元在新型电力系统中的重要作用

在新型电力系统演化过程中，电力系统将呈现集中—分散协调决策，基于平衡单元的新型电力市场平衡模式可将电网分为多级平衡区。平衡单元内部各类发用电资源的信息采集，属于发用电资产，电网通过信息采集获得发用电基础数据并对海量资源直接调控。一旦出现信息缺失，电网调控能力将受到冲击，难以充分发挥资源优化配置能力。

基于信息经济学原理，考虑到更多信息的分散协调决策效率高于部分信息的全局优化，应由平衡责任人通过对平衡单元内部的信息采集，进行平衡区内全信息下的自我平衡运营，各平衡单元通过分散决策实现电网整体的平衡，降低高比例新能源电网的不平衡风险，进一步提升新能源消纳水平。在新型电力系统演化过程中，初始阶段，平衡单元可与传统发电主体、用电主体共同作为责任主体，参与省级实时平衡调度、区域平衡调度。

基于制度经济学原理，产权是交易的前提，资源优化配置可以通过产权和交易两种配置，达到社会效益最大化。风电、光伏的安全负外部性与环境正外部性，传统火电机组的环境负外部性，以及储能的安全正外部性、灵活性资源的安全正外部性引起产权重组，将外部成本内部化，平衡单元先将内部产权优化组合，再参与市场交易，提高资源配置效率。

10.2 虚拟电厂参与平衡单元的运营模式

10.2.1 虚拟电厂参与平衡单元的优势

"双碳"目标下，随着新能源发电占比的逐步提高，为保障新型电力系统安全可靠运行，系统平衡模式亟待转变。信息通信技术的发展使得电网对分布式资源的调控成为可能。新型电力系统中的平衡服务商可将源、荷、储连接起来，进行双向或多向式的电力流动，将负荷从原本"由上而下"的模式转变为"由下而上"的模式。

虚拟电厂无需完全的物理互联，而是通过信息通信技术聚合多元分布式能源资源，通过能量流调度、信息流控制、资金流分配，实现多方主体协同发展的平台生态，具备广域、多元、聚合及共享的特点。利用虚拟电厂提供平衡服务，通过计划电能生产、调节电力消费、建立新型电力交易与市场机制等方面的融合与互动，实现"在必要的时间""以必要的程度"进行智能的供电与用电，确保供电稳定和供用电的平衡。同时，虚拟电厂突破传统供电思维，避免因最大传输容量或尖峰负荷需求而扩建电力网络或新建电源，进一步降低投资成本并提高运营收益。

10.2.2　虚拟电厂参与平衡单元运营的商业模式

在基于平衡单元的新型电力市场平衡模式中，虚拟电厂可以作为平衡单元内部能源产消者、平衡单元责任人或平衡服务提供商参与电网运行，如图 10-6 所示。

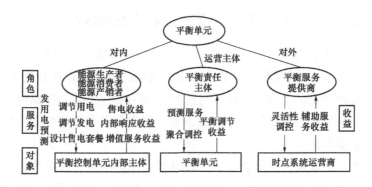

图 10-6　虚拟电厂参与平衡单元运营的商业模式

作为平衡单元内部的能源产消者，虚拟电厂聚合分布式发电、柔性负荷、分布式储能等灵活资源，通过对分布式发电等灵活资源进行统一的管理，进行市场交易，有效地结合多种形式的发用电模式，优化电力交易的收益；通过调节发用电情况，响应平衡单元责任人对平衡单元的能量调控，同时获得辅助平衡单元平衡的收益。此外，基于聚合的发用电资源和灵活的市场交易策略，虚拟电厂可作为售电商，为消费侧的用户提供更多的增值服务，为多元用户设计灵活的售电套餐。如通过优化发电计划和发电成本实现浮动电价的售电套餐、优惠的长期售电合同、电气热的三联供套餐、用电能效管理服务、用电分析与优化、绿色能源标签等。

作为平衡单元责任人，虚拟电厂可通过精准的预测及灵活资源聚合能力，优势互补，通过对发用电资源的聚合优化，调节平衡单元的能量平衡，以最大限度平抑新能源发电的强随机性与波动性，在提高新能源利用率的同时，实现分布式综合资源、虚拟电厂运营商、输电系统运营商各方利益共赢。

作为平衡服务提供商，虚拟电厂通过其聚合的分布式综合资源为平衡市场提供灵活性服务，通过调控分布式电源、柔性负荷等灵活资源，响应省级输电系统运营商或区域输电系统运营商对平衡电力电量的需求，为电网的安全稳定运行提供辅助服务，获得为电网提供一次备用的容量价格收益或为电网提供二次备用、三次备用的容量价格收益及电能量价格收益。

德国已有虚拟电厂运营商以不同模式参与电网运营。Next Kraftwerke 公司作为德国最大的虚拟电厂运营商之一，通过控制分布式发电参与电力交易并获得利润分成。同时，利用生物质发电和水电启动速度快、出力灵活的特点，参与电网二次调频和三次调频，获取作为平衡服务提供商参与平衡市场的收益。

10.2.3　虚拟电厂参与平衡单元运营的发展建议

10.2.3.1　虚拟电厂、平衡单元应作为电力可靠性管理的责任主体

2022 年 4 月，国家发展改革委发布的《电力可靠性管理办法（暂行）》中指出，电力企业、电力用户均是可靠性管理的责任主体。虚拟电厂、平衡单元等主体作为电力系统的重要组成部分，应作为电力可靠性管理的责任主体，承担平衡责任。

虚拟电厂运营商、平衡责任人应持续提高新能源发电和负荷的预测准确性，提高电力可靠性管理水平。对虚拟电厂、平衡单元内部发、用电单元的行为预测以及对电力市场价格的预测是参与虚拟电厂、平衡单元参与系统运行与市场运营的基础，而预测的精度直接影响供需平衡与交易获利盈利的高低水平。因此，虚拟电厂运营商、平衡责任人可以通过精准的新能源出力预测及负荷预测支撑平衡单元的平衡，或为输电系统运营商提供平衡服务。此外，随着虚拟电厂运营商、平衡责任人预测能力的提高，可为其他市场主体如间歇性波动的新能源发电商、负荷聚合商等提供预测服务，为虚拟电厂的其运营提供新的业务增长点。

10.2.3.2　合理规划虚拟电厂的运营区域范围及职能

尽管虚拟电厂能够以平衡单元内部产消者、平衡单元责任人、平衡服务

提供商等多种模式参与新型电力系统下的平衡服务，由于同一个平衡单元的内部成员需完整隶属于同一个调度区域，为避免多级输电系统运营商对虚拟电厂进行管理和调度造成混乱，应合理规划虚拟电厂的运营区域范围和职能，隶属同一平衡单元的虚拟电厂应隶属于同一个调度区域。

10.2.3.3　数字化赋能虚拟电厂运营管理水平的提升

随着数字化电网的建设，以需求侧海量数据作为虚拟电厂的核心生产要素，利用大数据技术、人工智能方法对电力用户进行精准画像，实现虚拟电厂参与电网运营的可观测、可描述、可控制，提高虚拟电厂的灵活控制能力、多元化智能决策能力，赋能虚拟电厂运营管理水平的提升。

10.2.3.4　充分发挥虚拟电厂规模化平台效应

目前，我国的虚拟电厂建设已进入起步示范及探索培育阶段，通过建立灵活开放的需求侧灵活性资源参与虚拟电厂的准入机制及虚拟电厂运营商参与电网运营的准入机制，设计合理的虚拟电厂价值传导机制，推动虚拟电厂参与电网运营的规模化、标准化、产业化发展，推动新型电力系统建设。

10.3　虚拟电厂参与平衡单元运营的发展展望

新能源占比的逐步提升给电力供需平衡及安全可靠运行带来新的挑战。虚拟电厂作为聚合运营分布式能源资源的新业态、新模式，对新型电力系统的建设及"双碳"目标实现具有重要意义。未来将重点研究在平衡单元提供平衡服务模式下，虚拟电厂对内部灵活资源的聚合优化方法及参与电力市场的运营优化方法，充分利用市场机制提高虚拟电厂聚合优化运营能力、灵活性调节能力、平衡服务水平，保障新型电力系统的安全可靠性运行，助力能源电力领域碳中和。

参 考 文 献

[1] Strom-report. Deutscher Strommix: Stromerzeugung Deutschland Bis 2022 [EB/OL]. [2022-04-30]. https://strom-report.de/strom/.

[2] Solar Energy Industries Association [EB/OL]. https://www.seia.org/.

[3] 黎博, 陈民铀, 钟海旺, 等. 高比例可再生能源新型电力系统长期规划综述[J]. 中国电机工程学报, 2023, 43 (02), 555-581.

[4] 张智刚, 康重庆. 碳中和目标下构建新型电力系统的挑战与展望, 中国电机工程学报. 2022, 42 (08): 2806-2818.

[5] 国家发展改革委, 国家能源局. "十四五"现代能源体系规划 [EB/OL]. [2022-04-30]. http://www.gov.cn/zhengce/zhengceku/2022-03/23/content_5680759.htm.

[6] 王宣元, 刘敦楠, 刘蓁, 等. 泛在电力物联网下虚拟电厂运营机制及关键技术 [J]. 电网技术, 2019, 43 (09): 3175-3183.

[7] 丁涛, 牟晨璐, 别朝红, 等. 能源互联网及其优化运行研究现状综述 [J]. 中国电机工程学报, 2018, 38 (15): 4318-4328, 4632.

[8] 唐跃中, 夏清, 张鹏飞, 等. 能源互联网价值创造、业态创新与发展战略 [J]. 全球能源互联网, 2022, 5 (02): 105-115.

[9] 孙宏斌, 郭庆来, 潘昭光. 能源互联网: 理念、架构与前沿展望 [J]. 电力系统自动化, 2015, 39 (19): 1-8.

[10] 徐文涛, 张晶, 马红明, 等. 计及多能转化效率的区域综合能源系统协同优化模型研究 [J]. 电网与清洁能源, 2021, 37 (10): 98-106.

[11] 国网浙江电力启动丽水全域零碳能源互联网综合示范工程建设 [J]. 农村电气化, 2021 (08): 16.

[12] 智慧湾区! 珠海国家"互联网+"智慧能源示范项目通过验收 [J]. 南方能源建设, 2019, 6 (01): 119.

[13] 卫志农, 余爽, 孙国强, 等. 虚拟电厂的概念与发展 [J]. 电力系统自动化, 2013, 37 (13): 1-9.

[14] 钟永洁, 纪陵, 李靖霞, 等. 虚拟电厂基础特征内涵与发展现状概述 [J]. 综合智慧能源, 2022, 44 (06): 25-36.

[15] 李彬, 郝一浩, 祁兵, 等. 支撑虚拟电厂互动的信息通信关键技术研究展望 [J]. 电网技术, 2022, 46 (05): 1761-1770.

［16］德国 Next Kraftwerke 公司虚拟电厂［EB/OL］. https://www.next-kraftwerke.com.

［17］艾芊. 虚拟电厂——能源互联网王的终极组态［M］. 北京：科学出版社，2018.

［18］王成山. 微电网分析与仿真理论［M］. 北京：科学出版社，2013.

［19］郭新志，刘英新，李秋燕，郭勇，王利利. 基于智能负荷控制的分布式能源系统调控策略研究［J］. 智慧电力，2022，50（03）：8-14.

［20］潘明杰，解大，王西田. 计及分布式资源调节特性差异的虚拟电厂响应策略［J］.电力系统自动化，2022，46（18）：108-117.

［21］艾欣，周树鹏，赵阅群. 基于场景分析的含可中断负荷的优化调度模型研究［J］. 中国电机工程学报，2014，34（S1）：25-31.

［22］耿建，周竞，吕建虎，等. 负荷侧可调节资源市场交易机制分析与探讨［J］. 电网技术. 2022，46（07）：2439-2448.

［23］华婧雯. 面向用户的能源增值服务与零售套餐定价机制研究［D］. 华北电力大学（北京），2021.

［24］刘敦楠，王玲湘，汪伟业，等. 基于深度强化学习的大规模电动汽车充换电负荷优化调度［J］. 电力系统自动化，2022，46（04）：36-46.

［25］D. Liu, W. Wang, L. Wang, H. Jia, M. Shi. Dynamic pricing strategy of electric vehicle aggregators based on DDPG reinforcement learning algorithm. IEEE Access，vol. 9：21556-21566，2021.

［26］赵宁宁. 需求侧资源与共享储能协同消纳清洁能源交易机制研究［D］. 华北电力大学（北京），2021.

［27］刘敦楠，赵宁宁，李鹏飞，等. 基于"共享储能-需求侧资源"联合跟踪可再生能源发电曲线的市场化消纳模式［J］. 电网技术，2021，45（07）：2791-2802.

［28］M. Yang, C. Shi, H. Liu. Day-ahead wind power forecasting based on the clustering of equivalent power curves. Energy，vol. 218，March 2021，119515.

［29］康重庆，夏清，刘梅. 电力系统负荷预测（第二版）［M］. 北京：中国电力出版社，2017.

［30］王伟，刘敦楠. 面向"双碳"目标的上海虚拟电厂运营实践［J］. 中国电力企业管理，2022，05，64-66.

［31］应志玮，余涛，黄宇鹏，等. 上海虚拟电厂运营市场出清的研究与实现［J］. 电力学报，2020，35（02）：129-134.

［32］王宣元，刘蓁. 虚拟电厂参与电网调控与市场运营的发展与实践［J］. 电力系统自动化，2022，46（18）：158-168.

［33］鞠平，姜婷玉，黄桦. 浅论新型电力系统的"三自"性质［J］. 中国电机工程学

报.2023，43（07），2598-2608.

[34] 李明节，陈国平，董存，等.新能源电力系统电力电量平衡问题研究 [J].电网技术.2019，43（11）：3979-3986.

[35] 谢开，彭鹏，荆朝霞，等.欧洲统一电力市场设计与实践 [M].北京：中国电力出版社，2022.

[36] Gideon A. H. Laugs, René M. J. Benders, Henri C. Moll. Balancing responsibilities: Effects of growth of variable renewable energy, storage, and undue grid interaction [J]. Energy Policy, vol. 139, April 2020, 111203.

[37] 康重庆，陈启鑫，苏剑，等.新型电力系统规模化灵活资源虚拟电厂科学问题与研究框架 [J].电力系统自动化.2022，46（18）：3-14.

[38] 王彩霞，时智勇，梁志峰，等.新能源为主体电力系统的需求侧资源利用关键技术及展望 [J].电力系统自动化.2021，45（16）：37-48.

[39] 严兴煜，高赐威，陈涛，等.数字孪生虚拟电厂系统框架设计及其实践展望 [J].中国电机工程学报.2021：1-17.